北大社 "十四五"普通高等教育规划教材

 高等院校艺术与设计类专业"互联网+"创新规划教材

设计工程

叶 丹 陈志平 姜 葳 编著

北京大学出版社

PEKING UNIVERSITY PRESS

内 容 简 介

本书将设计工程活动贯穿于每一章节,以案例形式有层次地融入设计工程教学。内容包含设计工程工具和流程(问题情境、挑战、目标、标准、制约条件等)、调查研究、概念设计、原型制作、测试评估、交流与沟通。书中的设计工程活动都设有富有挑战性的情境,情境设计会交代事件、项目的时空背景,且大部分案例来源于真实的企业项目。

本书适用于工业设计、产品设计、多媒体艺术等专业,可作为教材和参考用书。

图书在版编目(CIP)数据

设计工程 / 叶丹,陈志平,姜葳编著. —— 北京:北京大学出版社,2025.5. ——(高等院校艺术与设计类专业"互联网+"创新规划教材). —— ISBN 978-7-301-36283-9

Ⅰ. TB21

中国国家版本馆 CIP 数据核字第 2025PU1458 号

书　　　名	设计工程
	SHEJI GONGCHENG
著作责任者	叶　丹　陈志平　姜　葳　编著
策 划 编 辑	孙　明
责 任 编 辑	史美琪
数 字 编 辑	金常伟
标 准 书 号	ISBN 978-7-301-36283-9
出 版 发 行	北京大学出版社
地　　　址	北京市海淀区成府路 205 号　100871
网　　　址	http://www.pup.cn　新浪微博:@北京大学出版社
电 子 邮 箱	编辑部 pup6@pup.cn　总编室 zpup@pup.cn
电　　　话	邮购部 010-62752015　发行部 010-62750672　编辑部 010-62750667
印 刷 者	天津中印联印务有限公司
经 销 者	新华书店
	889 毫米 ×1194 毫米　16 开本　10.75 印张　260 千字
	2025 年 5 月第 1 版　2025 年 5 月第 1 次印刷
定　　　价	69.00 元

序 言

新一轮科技革命与产业变革的兴起，深刻地改变了国际竞争格局。各大国纷纷大力推动教育体制改革和内容创新，厚植人力资源根基。特别是在理工类院校中，"STEM"和"CDIO"的教育理念和方法开始普及。"STEM"是科学（Science）、技术（Technology）、工程（Engineering）、数学（Mathematics）英文首字母的缩写，强调对学生进行四个方面的教育：一是科学素养，即运用科学知识理解自然界并参与影响自然界的过程；二是技术素养，即使用、管理、理解和评价技术的能力；三是工程素养，即对工程设计与开发过程的理解；四是数学素养，即发现、表达、解释和解决多种情境下的数学问题的能力。"CDIO"是构思（Conceive）、设计（Design）、实现（Implement）、运作（Operate）英文首字母的缩写，是以从产品研发到产品运行的生命周期为载体，让学生以主动的、实践的、课程之间有机联系的方式学习工程。

这些教育理念的共同特征就是强化工程教育。因为工程能力是一种综合能力，对个人和团队意义重大。个人的工程能力包含心智因素、判断主次和先后的逻辑思维能力，以及持续将事情做好的规范等要素；团队的工程能力核心是发挥出团队有机体的系统能力。教育部于 2017 年在复旦大学召开了高等工程教育发展战略研讨会，提出了"新工科"的概念，并探讨了新工科建设与发展的路径选择。

设计具有科学性、社会性、实践性、创新性、复杂性等系统工程的特点。产品设计的过程涵盖从前期的"研究"阶段，延续到后期的"报废"阶段，一项工程的整个过程也是一项设计需要考虑的全部过程。虽然设计不能代替工程的其余阶段，但好的设计贯穿于工程的各个阶段。因此，工业设计专业教学要注入"工程思维"，研究"工程方法"，将新技术、新材料、新问题、新需求引入课堂；通过产业需求输入及产业资源接入，为真实的世界而设计，培养学生结合产业实际的设计能力、协同研发能力，以及社会责任感。党的二十大报告指出："深入实施人才强国战略。培养造就大批德才兼备的高素质人才，是国家和民族长远发展大计。"这里的人才指以工程师、设计师、高技能人才为代表的知识型、技术型、创新型劳动者大军，可以解决科技创新中的复杂的工程技术问题。

这本教材正是在这样的背景下出版的，是对工业设计专业发展深度思考和教学实践经验总结的成果。该教材体现了"工程思维"的教学特点：提供了大量"动手做"的课题实践项目，使学生可以深度参与以解决问题为导向的学习。这种基于项目的学习具有跨学科的特点，能引导学生通过积极学习、协作探究科学技术，参与工程设计过程，将抽象知识与实际生活联系在一起，进而解决实际问题。在应用所学知识应对未来挑战时，学生的发现、创造、设计、建构、合作、解决问题的能力将发挥出积极作用。

该教材特色鲜明、体系完善、研究成果显著，对于我国工业设计教育的改革发展有一定的学术价值和现实指导意义。希望这本教材的出版能够帮助更多高校进一步拓展"学生中心、产出导向、持续改进"的教育理念，不断探究创新创业教育的新型工科教学范式。

张福昌

江南大学教授、博士研究生导师

日本千叶大学名誉博士

2025 年 1 月

前言

面对科学技术日新月异的进步和不断出现的新问题，无论处于怎样的状况，都必须具备勇于接受挑战、解决问题的能力，从而系统地找到解决问题的方法。互联网便于人们快捷地获得信息，促使学习方法发生改变，从原来的过度强调记忆信息，转变为学会获得有用信息，并根据自我判断来创造新信息。机器的使用减少了对低技能劳动力的需求，使得未来的设计者应用概念的能力变得尤为重要。这些新的需求是设计工程学兴起的原因，基于项目的学习和协同设计成为"新工科"课程关注的重点。

党的二十大报告中提出的"加强基础研究，突出原创，鼓励自由探索"，深刻表明了加强基础研究对增强自主创新能力、增添高水平科技自立自强后劲、夯实科技强国基础的极端重要性。设计工程是应用科学技术来系统解决复杂问题的学科。虽然过程是系统的，但在应用科学技术原则的过程中要有创造性，才能得出解决问题的方案。设计工程针对的是现实世界中的具体问题，为学习者提供了解释概念的良好背景环境。若脱离这个背景环境，学习者可能难以想象这些概念。此外，设计工程问题与学生个体、社会环境具有关联性，让学生以主动的、实践的、跨专业的方式学习工程。

本书第 3 章的教学案例来源于 2022 年光学产品国际创新设计营项目，由杭州天文科技有限公司提出设计课题，江南大学外籍教授加布里埃尔·戈雷蒂（Gabriele Goretti）担任设计营导师；第 4 章教学案例来源于 2018 年儿童教育玩具国际创新设计营项目，由荷兰阿乐乐可工业设计有限公司设计师亚瑟·林彭斯（Arthur Limpens）担任设计营导师。

对上述企业和设计营导师为设计工程教学提供的支持表示感谢。组织和参与设计营的学校有杭州电子科技大学、江南大学、浙江理工大学、中国计量大学、浙江工商大学、杭州师范大学和意大利米兰理工大学。特别感谢杭州电子科技大学工业产品设计省级实验教学示范中心刘星、董洁晶、周仕参、张祥泉等老师的参与与支持。本书第 2 章由陈志平编写，第 5 章由姜葳编写，其他章由叶丹编写并统稿，研究生虞振华、叶润、孙超杰参与了部分案例写作。

限于笔者的学识水平，本书不可避免地存在不足之处，恳请专家学者批评指正。

叶丹

2024 年 10 月

于杭州下沙高教园区

目录

第 1 章　导论

设计与工程，作为应用科学技术知识解决复杂问题的系统性实践，不仅要求精准运用科学原理，更需融入创造性思维，从而孕育出切实可行的解决方案。其扎根现实世界，为学习者搭建起一座理解抽象概念的桥梁。若脱离这一真实背景，概念往往沦为空中楼阁，令学习者难以捉摸。

1.1　设计与工程

设计是在我们对最终结果感到自信之前，对我们想要做的东西所进行的模拟。

——鲍克：《工程设计教学会议论文集》，1964

设计是一种创造性活动——创造前所未有的、新颖而有益的东西。

——李斯维克：《工程设计中心简介》，1965

设计是从现存事实转向未来可能的一种想象跃迁。

——佩奇：《给人用的建筑》，1966

一方面，设计是创造性的、类似于艺术的活动；另一方面，它又是理性的、类似于具有条理性的科学活动。

——迪尔诺特：《超越"科学"和"反科学"的设计哲理》，1981

在所有运用自己的头脑进行工作的人的专业任务当中，设计是一个潜在的共同课题。科学家、建筑师、画家、作家和工作团体的规划者，无不置身于设计实践活动当中。

——诺贝尔经济学奖获得者赫伯特·西蒙，1985

设计是人类未来不被毁灭的第三种智慧。

——清华大学美术学院教授柳冠中，2010

设计是用智慧、良知、科技和文化造福人类的创造性系统工程。

——江南大学设计学院教授张福昌，2012

工业设计旨在引导创新、促进商业成功和提供更好质量的生活，是一种策略性解决问题的过程，应用于产品、系统、服务和体验的设计活动。它是一种跨学科专业，将创新、技术、商业、研究及消费者紧密联系起来，共同开展创造性活动，并将需要解决的问题和提出的解决方案进行可视化处理，重新解构问题，将其作为打造更好的产品、系统、服务、体验或商业网络的机会，从而提供新的价值并形成竞争优势。

——世界设计组织（WDO），2015

上述观点是从不同角度对"设计"所做的解读。世界设计组织的最新定义把设计描述得更为明确：设计是一种跨学科专业，是将创新、技术、商业、研究及消费者紧密联系起来的创造性活动。

科学、技术和工程组成了现代科学技术体系。科学是人类探索自然和社会现象，并取得认识的过程和结果；技术是人类在改造世界过程中采用的手段和方法；工程是人类综合运用科学理论和技术手段去改造客观世界的具体实践活动。科学是原理，技术是手段，工程是实践。

设计具有科学性、实践性、创新性和复杂性等一般工程所具备的特点。一件产品从开始到结束，需要经历研究、开发、设计、制造、运行、营销、管理、服务和报废等工程阶段，从前期"研究"到后期"报废"的全部过程是设计的重要内容，也是工程的实施过程。设计不能代替工程的其他过程，但贯穿于工程的每个阶段。设计是多学科、多技术的交叉工程，涉及人类造物活动的所有领域，如工业设计、机械设计、建筑设计、园林设计、服装与服饰设计等。无论哪种设计，都依赖于工程理论和专业技术。加强设计教学体现了党的二十大报告中的"加强基础学科、新兴学科、交叉学科建设"。

设计工程是人们在造物过程中所形成的程序，以及所采用的工具和方法。从工程实践的角度来说，设计工程是设计过程中所运月的科学技术方法和手段的总和，也是研究设计过程一般规律和应用基础的学科。例如，新一代标准动车组"复兴号"就集成了大量现代国产高新技术，如牵引、制动、网络、转向架、轮轴等关键技术，是设计工程的典范。以 CR400AF 型电力动车组车头设计为例，其流线型设计通过棱线曲面对空气进行导流，从而减小空气阻力，其气动阻力比现有 CRH380 系列减小5% 以上。车头的棱线曲面造型复杂，由 80 多块蒙皮拼接而成，对成型精度的要求极高，融合了空气动力学、机械、材料、工业设计等学科的设计理念（图 1-1）。

党的二十大报告指出："深化科技体制改革，深化科技评价改革，加大多元化科技投入。"科技和社会需求的不断变化，加速了市场的多元化发展。人们对产品的要求呈现多样化态势，消费趋向个性化；社会关注产品在生态和环境方面的友好性；计算机技术深刻影响着产品生命周期的全过程；先进的制造技术对设计工程提出了更高的要求。在这种背景下，产品赢得竞争的基本因素是：产品上市时间、质量、成本、服务，以及与生态环境形成的良性循环。设计工程的发展趋势可归纳为三个方面：设计方式的并行化、设计和制造的智能化、设计信息和知识的集成化。

1. 设计方式的并行化

并行设计是充分利用现代计算机技术和现代管理技术进行辅助设计的一种现代产品开发模式。它站在产品设计、制造全过程的高度，打破传统的部门分割、封闭的组织模式，强调多功能团队的协同工作，重视产品开发过程的重组和优化。对产品设计来说，从构思产品方案到产品最终报废的整个产品生命周期内，每个环节中的设计师、工程师、销售人员都要参与到设计工作中，甚至用户也要参与。设计方式的并行化，可以实现超前考虑设计的后续过程，确保设计的一次性成功。为了实现并行工程系统，需要组建一个包括产品开发全过程相关部门人员在内的多功能小组。小组成员在设计阶段协同工作，在设计产品的同时进行相关流程设计。为了保证小组成员之间的良好合作，不同的设计人员、设计组织和部门之间可以通过计算机网络实现实时交互协同设计。并行化的设计方式不局限于企业内部，还可以扩展至全社会乃至全球。用户只需在网上发出招标信息，说明产品功能要求和技术规范，各有专长的相关企业便可迅速组成动态联盟应标，该联盟将协调分布在全球的联盟成员进行异地合作产品设计开发。由此可见，未来设计的工作方式趋向于并行化和协同化。

图 1-1　CR400AF 型电力动车组车头设计

2. 设计和制造的智能化

智能设计旨在延伸设计过程中人的部分脑力劳动，并对专家的设计智能进行收集、存储、完善、共享、继承和发展。具有一定智能的设计型专家系统主要以两种形式存在，即用于方案综合和设计评价。该系统可借助多媒体技术和虚拟现实技术的智能建模系统进行设计。例如，采用虚拟现实技术设计的波音 777 飞机，可以实现无图纸、无样机上天。其设计系统在原有基础上建立了三维模型。设计师头戴 VR 设备后可以在虚拟的飞机中查看飞机的各项指标（图 1-2）。据统计，智能化的飞机设计使错误修改量减少了 90%、研发周期缩短了 50%、成本降低了 60%。智能制造的本质是数据驱动的创新生产模式，在产品市场需求获取、产品研发、生产制造、设备运行、市场服务直至报废回收的产品生命周期全过程中，甚至在产品本身的智能化方面，工业大数据将发挥巨大的作用。通过传感数据、环境数据的采集和分析，可以更好地感知产品所处的复杂环境，以实现提升产品效能、节省能耗、延长部件寿命等优化目标。

图 1-2　设计师头戴 VR 设备查看飞机

3. 设计信息和知识的集成化

设计信息和知识的集成化是指不同事件中不同领域知识的集成，包括经验知识和解析知识的集成、设计功能仿真分析计算的集成、设计理论和方法的集成、不同专家系统的集成等，通过这些集成，可以自动而迅速地将设计构思物化为具有一定结构和功能的模型。随着设计对象规模和设计团队的扩大、设计周期的缩短以及制造设计和装配设计模式的引入，设计系统内部信息共享的需求日益迫切，设计信息和知识的集成化将是未来产品设计开发的主要模式。设计信息和知识的集成化可以实现信息流的畅通，使产品从构思到实现都在一个系统内完成，避免信息的冗余。

1.2　工程思维与工程教育

工程起于思考，成于造物。在特定的理念之下，工程根据功能和要求巧妙构思，组合优化自然、技术、人文、社会和环境等各种功能要素，使其成为一个结构化、功能化、效率化的系统。例如，横跨伶仃洋的港珠澳大桥是中国建设史上里程最长、投资最多、施工难度最大的跨海大桥。其设计理念是战略性、创新性、功能性、安全性、环保性、文化性和景观性。港珠澳大桥采用正交异型桥面板钢箱梁，这种结构形式轻质高强、施工速度快，但其板件构件受力特性复杂，存在疲劳问题。疲劳导致的裂缝，从该结构形式诞生之初就一直存在，成为国内外钢桥行业共同面临的难题。设计团队仅用 4 年时间，采用抗疲劳的关键技术，制作了约 20 个模型，每个模型进行了 500 万次模拟试验，获得 400 多项新专利、7 项世界之最（图 1-3）。

工程是塑造现实、改变世界、创造新事物的活动。其要素包括：理念、要素、设计与结构。任何一个工程都是建立在这四个要素基础上的，其中理念是整个工程的核心与灵魂。工程理念是承载着设计意图并具有一定功能结构关系的人工系统。构建这个系统的基础是工程思维，它具有三个基本特征：一是在没有结构的情况下能"预见"结构；二是在约束条件下进行设计；三是能对解决方案和备选方案做出决断。

科学的核心是发现，工程的本质是实现。工程可以解决现实生活中的实际问题，必然会受到约束。结构、约束和取舍是工程思维的三大要素。对具有工程思维的人来说，高效地解决问题是

图 1-3　港珠澳大桥

首要因素。不能因为一个无解的问题而耽搁解决另外一个有解的问题；先做能做的，不要为缺失的部分烦恼；先解决问题，再考虑是否美观、是否"高级"。

工程思维是以价值为导向的建构性的造物思维，以追求效率来创造价值，包括经济、社会、生态、审美价值等。其目标是追求创新，创造出新的人工物。工程思维的成果是设计图纸、规划蓝图，以及操作方案、实施路径等，并最终落实为最直接、现实的物质产品。因此，工程思维是具有明确性、具体性、合目的性的思维活动，必然追求一定的效率、效益、结构和功能。在这种价值驱动之下，工程思维以解决具体问题为目标。在现实层面上，工程思维旨在满足人类生存和发展的需要，是建构人工世界的方法和手段。

工程思维会受到诸多现实条件的约束，不能随意和过于主观，否则要承担大量的人力、物力和财力的损失。以造价极高的哈勃望远镜为例，其鲜为人知的设计错误说明了这一点。哈勃望远镜的太阳能电池板处于太空环境中，当望远镜在地球的阴影中进出时，会被交替加热和冷却，由此产生的膨胀和收缩导致太阳能电池板如鸟的翅膀一样来回摆动。工程师试图通过计算机控制的稳定程序来解决这个问题，没想到反而产生了正反馈效应，使问题更为严重。如果工程师能够预测到望远镜实际运行环境，就可以调整加热和冷却的周期，从而避免问题的出现。这个例子说明了工程师很难预测设备运行所处的环境，而极端的环境往往会导致工程的失败。这就需要工程师在不同温度、负载、操作环境和天气条件下反复测试设备以避免问题的出现（图 1-4）。

图 1-4　哈勃望远镜

工程思维采用分析和综合方法，是在分析工程任务、目标和现实约束条件的基础上进行的，并从多层次、多角度对分析对象进行综合思考。工程思维的过程是在目标引导下对工程问题进行分析，经过论证、筹划、设计、建构等环节，形成一个人造系统。

工程思维是一种追求真、善、美融合的多元互补性思维。其对象具有生成性、动态性、复杂性和理想性特征。工程思维是从理念和任务到具体工程的行动计划、建构方案，把理念转化为特定人造系统的实践过程，是在人的目的性预期引导下的改变世界的活动。

工程思维能力具有建构性、筹划性、创造性和艺术性特质，培养学生的工程思维能力具有重要意义。21 世纪初，欧美国家在教育领域开始引入工程教育模式，并取得了工程教育改革的新成果。2000 年，由美国麻省理工学院和瑞典皇家工学院等四所大学组成的跨国研究团队获得 Knut and Alice Wallenberg 基金会近 2000 万美元资助，经过四年的探索研究，创立了 CDIO[Conceive（构思）、Design（设计）、Implement（实现）、Operate（运作）] 工程教育理念，并成立了以 "CDIO" 命名的国际合作组织。该理念以从产品研发到产品运行的生命周期为载体，让学生以主动的、实践的、课程之间有机联系的方式学习工程知识。其培养大纲将工程毕业生的能力分为工程基础知识、个人能力、团队合作能力和工程系统能力四个层面，要求以综合的培养方式使学生在这四个层面达到预定目标。2008 年，我国教育部高等教育司发文成立 "CDIO 工程教育模式研究与实践课题组"；2016 年，在原 "CDIO 工程教育改革试点工作组" 的基础上成立 "CDIO 工程教育联盟"。

2009 年，美国国家科学委员会在《改善所有美国学生的科学、技术、工程和数学教育》中明确指出：国家的经济繁荣和安全要求美国保持科学和技术的世界领先和指导地位。大学前的 STEM 教育是建立世界领先和指导地位的基础，应当是国家最重要的任务之一。委员会督促政府抓住这个特殊的契机，动员全国力量支持所有美国学生发展高水平的 STEM 知识和技能。

2016 年，我国教育部出台的《教育信息化"十三五"规划》提出：有效利用信息技术推进"众创空间"建设，探索 STEM 教育模式，使学生具有较强的创新意识。2017 年，我国教育部在复旦大学召开了高等工程教育发展战略研讨会，共同探讨了新工科的内涵特征、新工科建设与发展的路径选择，达成了 10 项共识：①我国高等工程教育改革发展已经站在新的历史起点；②世界高等工程教育面临新机遇、新挑战；③我国高校要加快建设和发展新工科；④工科优势高校要对工程科技创新和产业创新发挥主体作用；⑤综合性高校要对催生新技术和孕育新产业发挥引领作用；⑥地方高校要对区域经济发展和产业转型升级发挥支撑作用；⑦新工科建设需要政府部门大力支持；⑧新工科建设需要社会力量积极参与；⑨新工科建设需要借鉴国际经验、加强国际合作；⑩新工科建设需要加强研究和实践。同年，教育部在天津大学召开新工科建设研讨会，为新工科建设描述了美好的图景：到 2020 年，探索形成新工科建设模式，主动适应新技术、新产业、新经济发展；到 2030 年，形成中国特色、世界一流工程教育体系，有力支撑国家创新发展；到 2050 年，形成领跑全球工程教育的中国模式，建成工程教育强国，成为世界工程创新中心和人才高地，为实现中华民族伟大复兴的中国梦奠定坚实基础。

1.3　项目化学习

2016 年 6 月 3 日，世界教育创新峰会（WISE）与北京师范大学中国教育创新研究院在北京共同发布了《面向未来：21 世纪核心素养教育的全球经验》研究报告。报告发现，最受重视的公民七大素养分别是：沟通与合作、创造性与问题解决、信息素养、自我认识与自我调控、批判性思维、学会学习与终身学习、公民责任与社会参与。

这些素养不是传统教学方式所能培养的，而是要通过以学习者为中心，激发自主学习和创新实践的课堂教学培养。"新工科"教学就是要面对复杂的任务和问题，在调查、决策、设计和动手创造过程中，进行小组合作和自主学习，培养学生的合作能力、创新能力、沟通能力和批判性思维等能力和素养。项目化学习无疑是培养学生这些能力和素养最合适的途径之一。表 1-1 是传统课堂学习与项目化学习的比较。

表 1-1 传统课堂学习与项目化学习的比较

传统课堂学习	项目化学习
根据教学大纲定义的任务	模糊定义的任务
教学大纲定义的结果	解决问题的结果
个人学习	小组合作学习
教师是学生获取知识的传授者	教师是学生获取知识的协助者
基于获得技能的讲授	基于学习和课程需要的讲授
目标驱动	问题解决驱动
成功取决于分数	成功取决于表现
单一科目	多学科交叉
教科书驱动	现实问题驱动
在教师制定的挑战下开展的个人活动	在自我设定的挑战下开展的合作性活动
注重阶段性内容	注重积累性表现
依赖性解决问题	独立性解决问题
单一的课程	综合的课程
通过考试和测试以评估知识的获得情况	在解决问题的过程中积累经验来获得知识

项目导向是基于探究的学习机会。学习机会是指形成结构性的经验，当个体想要深入探究问题时，学习就发生了。探究的过程是以自我反省和评估开始的。因此，支持学生探究的三个方面非常重要，即合作性的小组讨论、对分析和评估的强调和对实践的反思。

项目化学习是一种基于建构主义理论的探究性学习模式。项目化学习强调小组合作学习，在学习过程中需持续与同伴交流。同时，它又是一种立足于现实生活，可以解决现实生活中的问题的学习模式。项目化学习整体性、协同性地呈现了建构主义教学的四个要素：情境、协作、交流和意义建构。其中，情境是这种学习模式的重要构成部分。如果学习发生的情境与知识将要被使用的情境相似，学习发生的可能性和效果会最大化。本书部分教学案例来源于设计营项目。设计营是由高校师生、企业科研和产品开发人员就某一课题进行设计互动和信息交流的活动形式。其特点是时间短、形式灵活，通过活跃、自由、互动的交流方式激发创新思维，有助于对产品市场可能性进行开拓性探索。设计营是项目化的创客教学。图 1-5 是由企业出题、团队合作完成的天文望远镜设计。

图 1-5　基于教学场景的模块化天文望远镜设计 / 王璐祯、杜逍云、周嘉进、唐瑾天、徐越

布鲁纳认为"学习就是依靠发现"。教学过程就是教师引导学生发现的过程。基于项目的学习不是采用接受式学习方式，而是采用发现式学习方式。首先，学生自主提出概念，形成假设，提出解决问题的方案；然后，通过各种探究活动及收集来的资料对提出的假设进行验证；最后，得出解决问题的结论。元认知的定义是：一个人意识到自己的思维并进行反思的知识和技巧。所以，理解应该是项目化教学的目标。学习者必须学会识别出自己何时理解了某个概念，以及何时还需更多信息才能理解。强调元认知过程的教与学是主动的，不是被动接受信息，等待他人替其理解。

能清晰地意识到自己的元认知过程，并且有机会表达自己思维的学生往往学得更好。重要的是，要把这一策略渗透到整个教学框架中，而不是把它作为孤立而零散的技能。将元认知过程作为日常语言以展开讨论，会激励学生更清晰地关注自己的学习。一旦学生对自己的思维进行反思，伴随的是将自己的内心对话外置，让他人了解其思维。无论是小组讨论、概念图设计，还是视觉化沟通，都要和他人分享自己的想法和理解，允许自己的概念性理解得到反馈。这些反馈有助于理解问题，从而对观察到的信息进行反思，主动改变自己的思维，而不是被动地接受信息。好的教师会让学生重新修正概念性理解，把实时性知识置于概念性框架体系中，而不是让学生被动地记忆新信息。

设计工程教学面对的是真实的、有意义的课题，建构过程是结构性的探究活动。师生共同进行结果分析，学生的探索会影响最后的结果。项目化学习是设计工程课程最好的教学方式，其特点是：一是项目是真实的、有意义的；二是与多学科内容深度融合；三是支持多主体互动；四是运用过程性评价改进教学。图 1-6 为天文望远镜设计项目的学生作品。

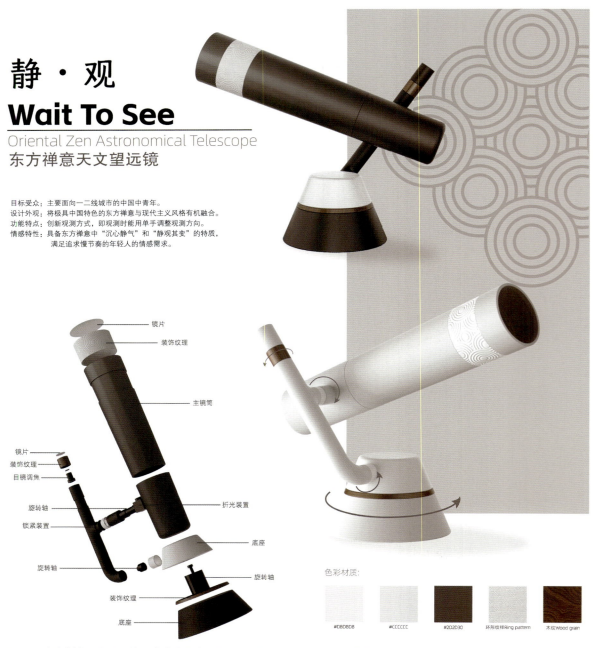

静 · 观
Wait To See
Oriental Zen Astronomical Telescope
东方禅意天文望远镜

目标受众：主要面向一二线城市的中国中青年。
设计外观：将极具中国特色的东方禅意与现代主义风格有机融合。
功能特点：创新观测方式，即观测时能用单手调整观测方向。
情感特性：具备东方禅意中"沉心静气"和"静观其变"的特质，
　　　　　满足追求慢节奏的年轻人的情感需求。

镜片
装饰纹理
主镜筒

镜片
装饰纹理
目镜调焦
旋转轴
锁紧装置
折光装置
底座
旋转轴
旋转轴
装饰纹理
底座

色彩材质：

#DBDBDB　　#CCCCCC　　#2D2D30　　环形纹样Ring pattern　　木纹Wood grain

图 1-6　东方禅意天文望远镜设计 / 陈婉婷、杨婷婷、毛文涛、胡航玮、张同宇

走向未来的一代学子需要掌握更广泛的基本技能，尤其是工程思维和解决问题的能力；要把一个学科领域的知识和另一个学科领域的知识联系起来，并将所学知识应用于现实世界。设计工程就是这样一门跨学科领域的课程。其设计过程鼓励创造性地实现目标，并提供解决复杂问题的结构框架。通过调整项目评估标准、制约因素和持续时间，项目能够适应不同学习风格的学生，因为项目的不同阶段适于不同的学习风格。这个特征使学生至少在部分时间内可以在自己感觉舒适的状态下学习，提供了一个让人安全地从自己的错误中学习的环境。项目化学习中的团队合作、沟通和解决问题等能力，对于所有学生来说都是重要的能力。设计工程课程在提升学生素质和能力方面的表现如下：

- 培养学生具有高阶思维的能力。
- 为科学技术提供现实的应用环境。
- 提供将复杂问题分解的良好框架。
- 培养学生具有面向未来的能力，如解决问题的能力、领导力和创造力。
- 在科技与现实产品、服务之间建立联系。
- 培养学生的商业意识，能找到行业之间的联系。
- 培养学生基于发现式学习而形成的主人翁意识。
- 培养学生良好合作所需的技能。
- 培养学生对科学技术和数学的兴趣。
- 提供彰显元认知重要性的环境，使教学活动得到更多的理解和欣赏。

附录：英国皇家艺术学院创新设计工程学位

英国皇家艺术学院（图 1-7）创新设计工程（IDE）学位旨在培养具有创新意识思维、设计技巧精湛且精通工程或技术的新型设计师。学生的目标是充分发挥创造力，通过设计提升社会效益和经济效益，并通过创新实现商业成功。设计不再是只针对某个产品设计的活动，实际上是围绕产品之前、之中和之后的一切活动，包括研究、策略、经验、系统在内，都在设计师的涉猎范围之内。无论是实验性的探索、以市场为导向的产品创新，还是 IDE 中新业务模式和商业规划驱动的项目，都在寻找能够在广泛范围内进行创新的人才。学生应提出相应的观点，找到问题的关键所在，并最终成为未来社会变革的代理人。

IDE 的参与者能同时学习两所截然不同的院校——以科学与技术为主的帝国理工学院（IC）和艺术与设计类的英国皇家艺术学院（RCA）——的技术和文化，最终将科学技术和工程的严谨精准与设计的艺术性、创造性相结合。IDE 课程促进了多学科团队结合的合作方式，鼓励外部商业组织参与，毕业生将成为顾问、创新者、企业家、自由职业者或公司内部不同岗位的创新型人才。

1. 教育目标

① 增强学生在创造、设计和工程方面的能力，为社会和经济的发展作贡献。

② 鼓励每个学生充分发挥独特的创造力，挖掘其智力潜力。

图 1-7 英国皇家艺术学院

③ 营造一种可对设计、技术、商业及环境可持续问题进行辩论的文化氛围。

④ 通过从概念生成到生产和营销的设计开发过程，以及用户最细微的需求，了解创意工程、结构形式、美学风格之间的关系。

⑤ 鼓励与学术界及外部国际机构和公司合作，利用基于团队的、多学科的工作方法进行头脑风暴和跨学科项目合作。

⑥ 从设计实践和咨询、商业化和资金机会、授权经营和知识产权、初创企业和企业家角色等方面，将设计引入现实世界。

⑦ 使学生了解在制造业中发挥战略作用的活动，如设计管理、营销和业务规划。

2. 预期学习成果
① 智力参与。
• 开发创新的想法，加强学生对实践和学科的理解。
• 应用设计工程理念和研究的原则和方法开发创新产品。
• 以全球视角去了解设计在社会、文化和政治方面的影响。
• 评估设计决策对产品可持续性的影响。
• 将对人体形态和人体工程学的理解应用于以用户为中心的设计方案。
• 使用视频、音频和文字等媒介来记录和展示作品。

② 实践活动。
• 将概念转化为功能，在设计中深入了解机械元件。
• 通过绘图、模型制作和原型设计来测试和评估设计理念。
• 选择合适的材料和工艺进行制造。
• 使用概念映射来获取关于产品的背景和功能的知识。
• 将企业工具的使用融合在工作流程设计中。

③ 专业精神。
• 负责制作项目简报，高效管理实践活动和资源配置。
• 与其他小组成员合理地分配角色、委派任务并沟通组合项目的结果。
• 了解消费心理学，探究营销产品解决方案中的商业问题。
• 通过探索自身价值观、技能并寻找合适的经营环境来明确自身专业身份。

设计课题和思考题

1. 搜索与中国超级工程设计与施工有关的人物和事迹。选择其中的事例，制作一个 10～20 页的 PPT。要求生动感人，图文并茂。小组交流后，选出优秀作业并在全班交流分享。

2. 将洗碗机的设计开发过程用 PPT 的形式展示出来。

3. 制作自行车的设计周期表。

4. 研究人类发明史，找找看有没有哪个产品在成功之前是没有经过修改的。

5. 产品开发的设计步骤与制造工程的设计步骤有什么不同？举例说明。

6. 以设计开发一个载人火箭运输设备为例，列出在成功达到目标过程中产品设计改进方面的问题。

第 2 章　工程工具

正如修理汽车需要一套专用工具，设计工程也需要一套专用的工程工具来帮助完成各项任务。有些工具可以放在工作包里，如笔记本电脑、卷尺、铅笔和纸等，而有些工具是无形的且更加重要，如知识工具。所谓的知识工具是指在学习或工作中学到的实践经验和体系方法。这些工具可以是为解决某些问题而设计开发的软件程序，也可以是测试产品原型或展示数据的方法。本章以爬壁清洁机器人项目为案例，介绍对于设计师、工程师而言极为重要的工具，包括知识、策略、软件、管理工具等。

2.1 设计策略

设计策略是在项目启动阶段，设计者和管理者共同对产品各方面因素之间的关系进行综合考虑的准备工作，解决如何让企业目标落实在产品上的问题。制定设计策略是为了适应市场环境的发展变化，包括消费者、技术的变化等，使产品适应市场需求。设计策略的内容往往是通过对内外环境进行综合分析，得出的用于统一协调组织行动的方案。

2.1.1 设计简报

项目初期需要花费大量时间收集信息，尽可能多地了解市场、用户需求，以及相关的技术信息。收集到足够信息后，才可以了解用户的问题、期望，以及问题空间和机会空间。设计团队需要把设计思路记录下来，用简要的文字形成项目概览，即设计简报。其内容包括项目背景、问题陈述、设计目标等。以下是爬壁清洁机器人项目的设计简报。

随着我国城市化进程加快，各种大型储存用钢板仓不断增加（图2-1）。钢板仓作为一种大型户外设备，空气中的尘埃、飞禽的排泄物等难免会吸附或堆积于其外墙表面，使其美观性降低。因此，钢板仓需要定期清洁以守护城市的形象。

目前我国各地钢板仓外墙清洁工作的自动机械化普及程度较低，清洁工作主要由人工来完成，也就是由被称为"蜘蛛人"的高空作业清洁工人来完成。清洁工人乘坐吊篮在高空用清洁工具进行外墙清洁，这种清洁方式难度大、清洁效率低、人工成本高，最主要的是极具危险性。当高空空气乱流扰动吊篮时，吊篮会左右晃动而失去平衡，易造成清洁工人出现意外事故或吊篮撞击外墙而损坏墙体。因此，采用智能的爬壁清洁机器人代替传统的人工高空清洁十分必要。爬壁清洁机器人相较于人工高空清洁具有更高的安全性、更高的清洁效率、更低的作业成本等优势。设计开发爬壁清洁机器人具有广阔的市场前景，可以带来较高的经济价值和社会价值。

当前，国内外对爬壁清洁机器人的研究都取得了一定的成果，但在某些特殊环境下仍然存在不足，如在工作壁面存在表面缺陷、有障碍物等特殊环境下，爬壁清洁机器人则无法完成清洁任务，甚至会出现故障或坠落（图2-2）。因此，研究设计爬壁

图 2-1　螺栓装配式钢板仓、螺旋式钢板仓和大型焊接钢板仓

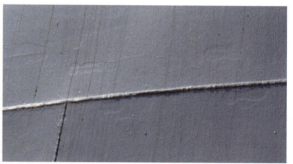

图 2-2　钢板仓壁表面缺陷

清洁机器人，以实现其在各种特殊环境下的安全应用十分重要。同时，爬壁清洁机器人在不同的应用场景下有着极大的发展空间。

现有技术条件下，爬壁清洁机器人的吸附方式、行走方式、清洁方式的调研结果见表 2-1～表 2-3。

表 2-1　爬壁清洁机器人的吸附方式

吸附方式	优点	缺点
单吸盘吸附	对工作壁面材料要求较低，结构简单	吸附稳定性差
多吸盘吸附	对工作壁面材料要求较低，移动性能好，吸附稳定性强	结构复杂，体积较大
永磁式吸附	持续吸附，吸附力稳定，无须额外能量，结构简单，可靠性高	工作面须为导磁性材料，磁力不易调节
电磁式吸附	吸附能力大小可调节，操控简单	工作面须为导磁性材料，结构复杂
仿生吸附	对工作壁面材料要求较低，移动性能好	制作成本高
气流负压吸附	对工作壁面材料要求较低	吸附稳定性差，控制难度较大

表 2-2 爬壁清洁机器人的行走方式

行走方式	介绍
轨道式	轨道式爬壁清洁机器人需要安装特定的预设轨道。因此，机器人运行稳定，且移动迅速。但这种方式对墙体要求较高，墙体需承受的负载远大于其他行走方式的墙体，且建造成本较高、不具备越障能力、应用范围窄、作业效率低
车轮式	车轮式爬壁清洁机器人通常以真空吸盘或磁性装置的方式吸附在壁面上，通过驱动轮可以实现在任意方向的连续移动，完成壁面的清洁，但其工作功耗大，对工作壁面要求高，且不具备越障能力
履带式	履带式爬壁清洁机器人可以分为真空吸附履带清洁机器人和磁吸附履带清洁机器人，通常以两条履带的不断转动实现机器人的连续移动。履带下方配有一定数量的真空吸盘或磁性装置，以实现机器人在壁面上的吸附，进而完成玻璃幕墙或钢板仓外壁的清洁
腿足式	腿足式爬壁清洁机器人根据足的数量可分为双足、四足和多足爬壁清洁机器人。相较于在地面工作的腿足式清洁机器人，腿足式爬壁清洁机器人的各个足部末端配有吸附机构，通过配合腿部的往复摆动，以实现机器人在壁面上的移动
框架式	框架式爬壁清洁机器人常采用双层框架交替移动的方式，框架下方通常配有一定数量的真空吸盘，通过其交替循环吸附以实现机器人在壁面上的移动

表 2-3 爬壁清洁机器人的清洁方式

清洗方式	介绍
喷射清洁方式	喷射清洁方式将清洁液以一定压力喷射到壁面，产生机械和化学反应，使附着在壁面的污垢被清除。喷射清洁方式是爬壁清洁机器人最常采用的清洁方式，但该清洁方式容易造成二次污染
高压水射流清洁方式	高压水射流清洁方式在喷射清洁方式的基础上进一步加压，使喷出的液体具有较高动能，能对壁面上的污垢产生一定的冲击作用，从而达到清洁的目的。但该方式对机器人结构的反冲击力较大，在高空作业时具有一定的危险性
雾流清洁方式	雾流清洁方式在导管末端安装喷嘴装置，使管内液体喷出时转变为雾流的气液混合物，与污垢产生化学反应，从而实现清洁的目的。雾流清洁方式更多应用于户外的降尘作业
刷洗工艺清洁方式	刷洗工艺清洁方式通过滚刷、刮板等装置清洁污垢，可分为滚筒刷洗、涡旋刷洗、移动刷洗等清洁方式
组合清洁方式	最常用的组合清洁方式为喷射清洁方式与刷洗工艺清洁方式的结合使用。该组合清洁方式先喷射清洁液以实现一次清洁，再运用滚刷或刮板以实现二次清洁，从而保证清洁的有效性，且不易出现因污渍遗漏而导致的二次污染

2.1.2 制定策略

经过信息收集、市场调研并明确设计目标后，设计团队对产品功能、用户需求、生产技术等因素进行梳理、比较和优化，提出实现设计目标的设计策略。这是一个决策过程，需要对多个可行的方案进行仔细评估，最后选出最有可能成功的设计策略。爬壁清洁机器人设计团队经过市场调研和综合评估后，提出了以下设计策略。

① 高效能设计。采用履带式行走方式，能够适应多种不同材料的壁面，如水泥、混凝土、金属、瓷砖等材料，具有良好的吸附能力。采用喷射清洁方式与刷洗工艺清洁方式相结合的组合清洁方式，能保证清洁的有效性，不易出现二次污染。

② 低能耗设计。提升爬壁清洁机器人的负载容量有助于更快捷地清洁，减少因频繁更换清洁工具而带来多余的能量损耗。较低的系统能耗能够提升机器人的经济性和续航能力。

③ 适应性设计。能够在壁面上稳定地移动，具有跨越壁面障碍物、沟槽的能力，以及在壁面与壁面之间、壁面与地面之间和壁面与棚面之间过渡的能力。

④ 安全设计。能够安全地吸附在壁面上，并具有故障检测的能力。当吸附系统面临失效风险时，爬壁清洁机器人不仅能够快速感知并作出响应、形成控制决策，而且能感知自身位置和姿态，具有一定的位姿和环境感知能力。

2.1.3 项目预估

预估是根据已有的信息、经验或数据，对未来的情况、趋势或结果进行估计、预测或判断。设计策略确定以后，要对设想的产品在功能、核心技术、构造、材料、组件参数、尺寸和质量等各个方面进行初步设计、分析、计算和评估。如果是一项大型项目，则可以分解为多个易于管理、测试和评估的子项目，比如模块化设计。以下是爬壁清洁机器人项目中的模块化设计——磁吸附力计算与磁路选型、运动受力分析、电机与减速器选型。

1. 磁吸附力计算与磁路选型

本设计采用永磁式吸附方式。目前永磁式吸附装置主要使用钕铁硼。钕铁硼是一种永磁材料，和其他磁性材料相比，其单位体积储磁能量大且性能稳定。因此，选用钕铁硼磁铁作为履带底盘的基本磁吸单元。目前市场上能够采购到的常见的钕铁硼牌号为 N35，其规格为 20mm×5mm。其主要性能参数见表 2-4。

表 2-4　N35 钕铁硼主要性能参数

性能	数值
剩余磁感应强度 / T	1.17 ～ 1.22
内禀矫顽力 /（kA/m）	>955
磁感应矫顽力 /（kA/m）	>868
最大磁能积 /（kJ/m^3）	263 ～ 287
最高工作温度 /℃	80

根据钕铁硼磁铁的吸附力经验公式，一般钕铁硼磁体的吸附力计算公式为：

$$F_m = 600m \tag{2-1}$$

式中，m 为磁铁的质量，规格为 10mm × 5mm × 5mm 的 N35 钕铁硼磁铁质量为 1.76625g，吸附力 F_m 为 1059.75g。即单个 N35 钕铁硼磁铁能吸附 1059.75g 的物体。

在满足功能要求的前提下，易于加工制造也是需要考虑的问题。因此，机器人的履带吸附单元将采用易于加工制造的永磁铁和橡胶履带，履带装配示意图如图 2-3 所示。

常用的履带式磁吸单元磁路类型如图 2-4 所示。本爬壁清洁机器人履带设计的磁路形式如图 2-5 所示。

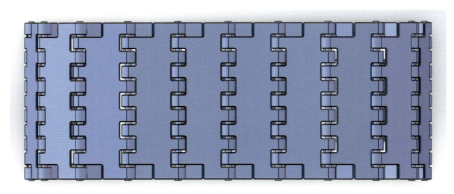

图 2-3　履带装配示意图

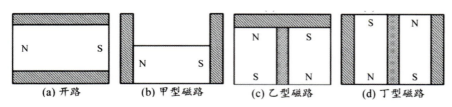

(a) 开路　　　(b) 甲型磁路　　　(c) 乙型磁路　　　(d) 丁型磁路

图 2-4　常用的履带式磁吸单元磁路类型

图 2-5　本爬壁清洁机器人履带设计的磁路形式

研究表明，吸附力与磁铁数量呈正相关，但是呈非线性变化。2 块磁铁综合作用下产生的吸附力远远大于 1 块磁铁产生的吸附力的数值叠加，这说明按照图 2-4 设计的磁路类型能够有效地减少漏磁，增强机器人的吸附力。本机构在行走时有 48 块磁铁与壁面接触，最小能产生的吸附力为 840N。

考虑到爬壁清洁机器人在户外工况下作业，会有风阻外力因素以及一些不确定的影响因素，因此引入安全系数 $K=1.4$，如此，本机构行走模块的吸附力能满足使用需求。

2. 运动受力分析

从结构上看，将爬壁清洁机器人视作一个可移动的整体，当它在壁面上做直线运动时，两侧履带模块的速度相等。对机器人沿直线向上爬行和向下爬行进行力学分析，可以得出驱动力矩、阻力矩和重力转矩之间的关系。

$$M_Q \geqslant M_f + M_G \tag{2-2}$$
$$M_G = GH\cos\alpha \tag{2-3}$$
$$M_f = bF_m \tag{2-4}$$

式中 M_Q——机器人的履带驱动力矩；

$\quad M_f$——履带上小轮与地面的支持力形成的阻力矩；

$\quad M_G$——自身重力产生的转矩；

$\quad\ G$——机器人自重；

$\quad\ H$——机器人重心到壁面接触点的水平距离；

$\quad\ \alpha$——机器人相对于壁面的斜倾角；

$\quad\ b$——吸附中心和几何中心的垂直距离；

$\quad F_m$——履带与壁面之间的摩擦力。

综上式可得

$$M_Q \geqslant bF_m + HL\cos\alpha \tag{2-5}$$

式中 b 取 10mm。

履带的驱动力矩公式为

$$M_Q = \frac{\mu GL}{4} \tag{2-6}$$

式中 μ——阻力系数。

代入 G =46kg × 10N/kg=460N，L =0.24m，μ 取 0.5，可得 M_Q =13.8N·m。

实际竖直方向为两侧履带同步驱动，取转矩分配系数为 λ=1.5，则单侧驱动力矩为

$$M_{Q单侧}=\frac{13.8}{1.5}=9.2\,\text{N}\cdot\text{m}$$

3. 电机与减速器选型

爬壁清洁机器人在运行过程中需满足一定的位置精度要求，故在电机选型时，选择控制精度更高的直流伺服电机作为其动力源。

在选择直流伺服电机型号时，需考虑电机功率的大小。

查阅相关手册后，选定电机和减速器的型号，见表 2-5。

表 2-5　电机和减速器的型号

名称	直流伺服电机	行星减速器
型号	BONMETSM-001-40DCB	BONMETPL40-200
参数	额定功率 30W	减速比 256
	额定转矩 0.0625N·m	输出转矩 44
	额定转速 4000r/min	输入速度 4000r/min
	质量 0.3kg	满载效率 90%
		质量 0.7kg

$$M_r=256\times0.9\times0.0625=14.4\,\text{N}\cdot\text{m}\geqslant9.2\text{N}\cdot\text{m}$$

式中 M_r——减速器输出轴的实际转矩。

$$P_r=\frac{nM_{Q单侧}}{9550\beta\eta}=\frac{4000\times9.2}{9550\times256\times0.9}\approx16.7\text{W}\leqslant30\text{W}$$

式中 P_r——电机的输出功率；

n——电机转速；

β——减速比；

η——满载效率。

综上所述，电机与减速器均满足条件。

经设计，获得爬壁清洁机器人防腐液喷头模块、滚筒刷和探伤摄像机，如图 2-6、图 2-7 所示。爬壁清洁机器人运动流程如图 2-8 所示，其基本参数见表 2-6。

图 2-6　爬壁清洁机器人防腐液喷头模块

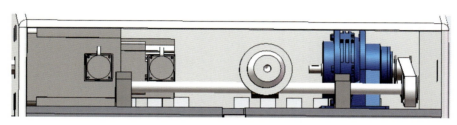

图 2-7　爬壁清洁机器人滚筒刷和探伤摄像机

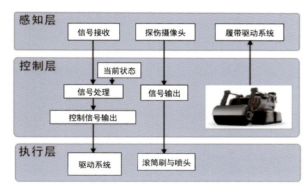

图 2-8　爬壁清洁机器人运动流程

表 2-6　爬壁清洁机器人基本参数

性能	数值
履带宽度	300mm
最大速度	0.5m/s
节距	90mm
单履带接地长度	480mm
轨距	980mm
驱动轮节圆半径	220mm
机器人总质量	46kg

2.2　工程图

如果一个工程项目活动的最终目的是生产一个实体产品，那么在提出设计概念、项目预估后，就要画出工程图。它是设计工程师、技术人员、制造商、销售人员及用户等人员进行沟通的关键要素。工程图在设计过程中可以不同的形式呈现，如草图和效果图、等距视图、正射投影图、分解图、实体模型和设计版面等。但每种形式都有其特定的工程设计要求。

2.2.1　草图和效果图

在设计团队明确了设计策略，并对产品技术、材料、构造进行基本研究之后，设计人员就可以着手构思产品形态，以视觉化的方式绘制出整体外形以及各个模块之间的关系（图2-9）。这个阶段用手绘的形式最为合适，可以边绘制边讨论与修改，还可以绘制几个不同的方案进行比较、评估。熟练地画出草图便于团队成员进行沟通交流，这种视觉化的交流方式在时间和空间上具有很大的优势，加强了团队成员对

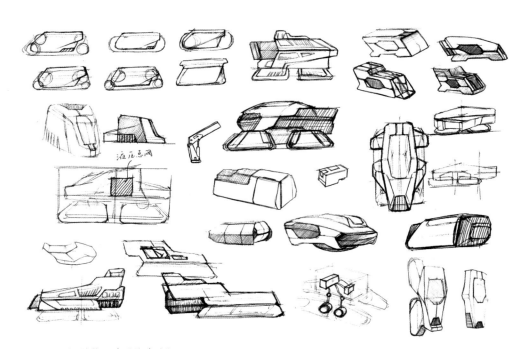

图2-9　设计草图／手绘／叶润

未来产品的认知和共识。草图方案确定之后，就可以绘制效果图。计算机建模是绘制效果图的重要方法（图 2-10、图 2-11）。计算机建模一般有两种方法：一种是就形态本身的逻辑建构，可以不考虑具体尺寸，待外形确定以后，再转化成有尺度的建模文件；另一种是每个部件都有具体的尺寸，可逐步调整总体关系。建模既是产品形态具体化的过程，也是分析工程问题的重要手段。验证一个设计概念往往需要非常复杂的计算，可以利用计算机仿真验证其功能的有效性，可使用的软件有 Creo Parametric、SolidWorks、Simulink 等。

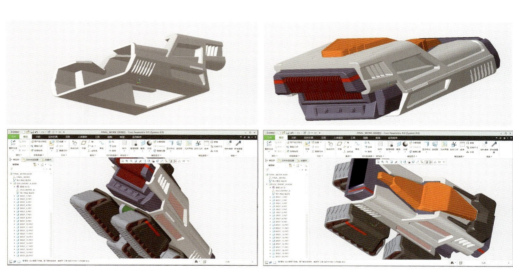

图 2-10　计算机辅助设计 / 软件 Creo Parametric

图 2-11　计算机建模效果图 / 软件 Creo Parametric

2.2.2 等距视图

等距视图是指在绘制物体时，各边长度依据绘图比例进行缩小或放大，同时物体上所有平行线仍保持平行状态的一种显示方法。如立方体的等距视图，其各面按对称关系绘制，各面的长宽保持同一比例关系。它不同于透视图，在透视图中，立方体各面的大小随距离增大而逐渐变小（图 2-12）。

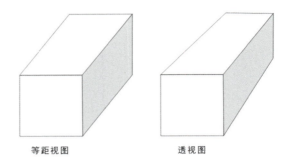

图 2-12　等距视图与透视图

等距视图在绘图和三维建模方面有着重要的意义。它能够保持物体在各个方向上的比例不变，保证物体呈现出真实的形状。此外，等距视图还广泛应用于工程绘图和设计，如建筑、机械等领域。在这些领域中，精确的比例和尺寸非常重要。等距视图可以帮助设计师准确地表达他们的设计意图，使设计在转化为实际产品后能够符合预期。等距视图是工程设计中最常用的表现方法之一，图 2-13 是喷漆模块的等距视图。

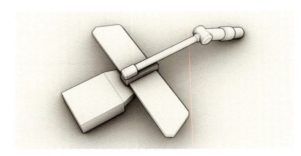

图 2-13　喷漆模块的等距视图

2.2.3 正射投影图

物体在灯光或日光的照射下会产生影子，并且影子与物体本身的形状有一定的几何关系，这是一种自然现象。将这一自然现象加以科学的抽象，从而得出投影法则。正射投影是指平行投射线垂直于投影面所形成的图形，其广泛用于工程制图中（图 2-14）。

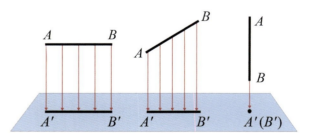

图 2-14　线条平行、倾斜、垂直于平面的正射投影

正射投影图是一种非常重要的三维图形表达形式（图 2-15）。在工程设计中，设计师必须准确无误地表达其设计意图，而正射投影图能够精确地展现物体的各个方面，包括形状、大小、结构等，从而帮助设计师实现其设计目标，提高工程设计的质量和效率。

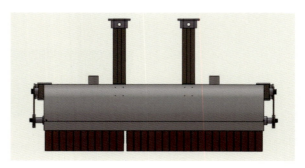

图 2-15　爬壁清洁机器人零件正射投影图

正射投影图可用于指导加工工作。在产品实现的过程中，加工人员需要依据准确的图纸进行加工。正射投影图作为一种直观的、易于理解的图纸形式，能够让加工人员准确地理解设计师的设计意图，从而更好地完成加工任务。

此外，正射投影图还有助于设计师和加工人员之间的沟通和交流。在设计过程中，设计师可以通过正射投影图向其他设计师或加工人员解释其设计理念和构想，从而更好地实现团队协作。

2.2.4　分解图

分解图通过图形表现产品或零部件的结构和构成，以及各个构成部分之间的相互关系（图 2-16）。它可以帮助工程师、技术人员、维修人员等更好地了解产品的结构和构成，进行有效的设计、制造、组装、维修和保养工作，以及更好地作出决策。对于一些复杂的产品或设备，尤其是那些包含大量零部件的产品，如汽车、飞机等，分解图是极其重要的工程工具。

此外，分解图也是产品技术文档的重要组成部分，以详细说明产品的结构和构成，以及各个零部件的组装方式。这些信息对于产品的用户、维修人员和制造商来说是非常重要的。因此，准确、详细地绘制分解图是极其关键的。

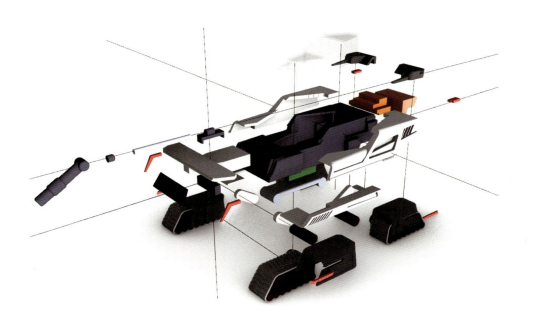

图 2-16　爬壁清洁机器人分解图

2.2.5 实体模型和设计版面

实体模型可以真实地呈现产品的外观品质，企业管理人员、销售人员和用户都可以对其作出评价（图 2-17）。实体模型可以作为阶段性成果，直观表达产品概念，让更多相关人员提出修改建议。

设计版面是设计团队向投资者、企业管理人员、销售人员、用户展示产品概念的媒介（图 2-18）。向非专业工程人员展示设计概念需要用视觉化的语言，而不是用大段文字、原理图和计算公式。因此，设计版面要用模型照片、简要的文字、图形图表展示产品的概念、功能和外观，让大多数人看懂。

图 2-17　实体模型 /3D 打印

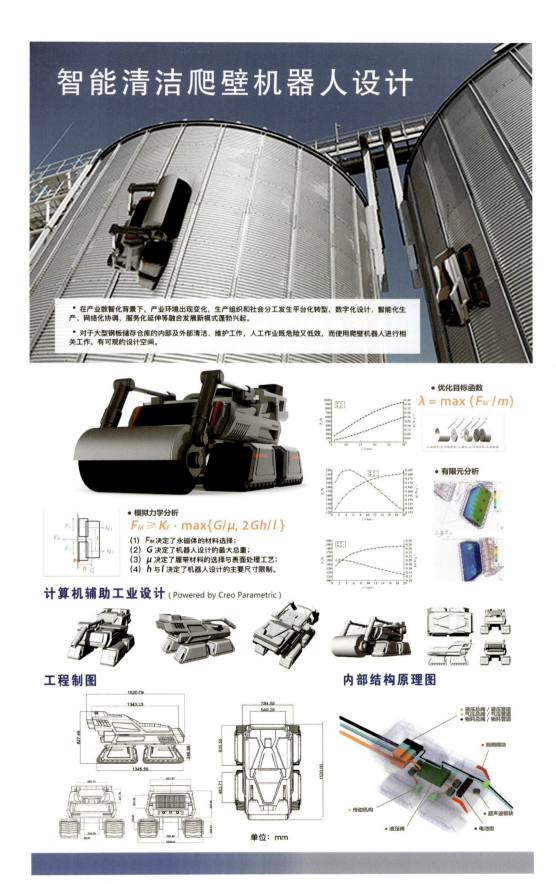

图 2-18　设计版面／叶润

2.3 计算机仿真与编程

2.3.1 仿真 [①]

验证一个设计概念的可行性需通过复杂的计算过程，而计算机可以成为验证的重要工具。仿真是计算机的一个重要功能，可用于对自然系统或人造系统的科学建模，使人们获取深入理解。仿真可以展示可选条件或动作过程的最终结果，也可用在计算机建模或原型设计阶段，即功能尚未被证明能否实现的阶段。仿真能够获取关键特性与行为的有效信息。常用的软件有 Creo Parametric、SolidWorks 和 Simulink。下面以爬壁清洁机器人为例进行介绍。

1. 软件的选择及环境设置

爬壁清洁机器人的运动仿真模拟，主要是对其在工作过程中履带的转动情况及其在钢板仓上的爬行过程进行仿真模拟，主要通过 SolidWorks 进行操作。SolidWorks 可以在数字环境中创建、设计和分析各种机械零部件、装置和系统，对复杂的装配体进行精确模拟，并检测运动干涉和碰撞情况，从而优化机构设计和运动性能。

为了获得更好的仿真效果，在软件上方工具栏中使用"SOLIDWORKS Motion"插件，并在运动算例中，将"动画"切换为"Motion 分析"（图 2-19）。完成设置后就可以通过添加各种条件和功能来对爬壁清洁机器人的运动进行仿真模拟。

2. 添加重力环境

爬壁清洁机器人在工作时通过磁力吸附在钢板仓的表面，在这种垂直工作的环境下，重力的影响是不可忽略的。重力的添加主要通过模型本身的质量和引力场的加速度来实现。模型的重力可以在软件上方工具栏中的"评估——质量属性"里进行设置。使用其中"覆盖质量属性"功能，可以直接对模型的质量参数进行修改。本项目中爬壁清洁机器人的总质量为 46kg（图 2-20）。

[①] 在国内自动控制领域，把 simulation 翻译为"仿真"，emulation 翻译为"模拟"，如核电站仿真、电厂仿真等。而 2002 年，全国科学技术名词审定委员会公布出版的《计算机科学技术名词》（第二版）把 simulation 翻译为"模拟"，emulation 翻译为"仿真"。在中英文文献中需注意这两个词的翻译差异。

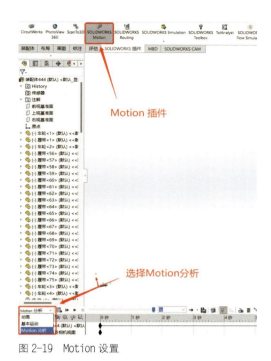

图 2-19 Motion 设置

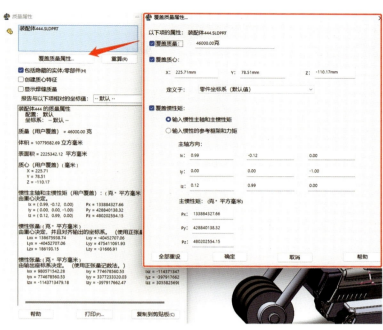

图 2-20 质量设置

完成质量设置后，需要在装配体中添加引力场，可以通过运动算例中的"引力"功能来实现。添加引力场是为了模拟重力环境，需要设置引力的大小、方向。本项目可以将引力大小设为约 9.8m/s，方向设为沿着爬壁清洁机器人主体的方向向下（图 2-21）。

3. 接触设置

接触设置可以模拟装配体和各零件实体之间的相互作用，以便更好地进行运动算例的模拟；还可以预测各零件之间的干涉情况、间隙大小和接触状态，从而更好地优化零件的装配。通过接触设置来模拟和分析装配体的性能和运动特性，可以提升产品的质量和可靠性。

在运动算例界面，要将各个需要接触的部件进行配合设置，可以通过软件下方工具栏中的"接触"功能实现（图 2-22）。对爬壁清洁机器人而言，主要包括履带片与驱动轮之间的接触、履带片与钢板仓表面之间的接触。另外，通过设置接触组，可以实现对大量零件同时进行统一设置。

4. 添加磁力与摩擦力

完成接触设置后，需要在钢板仓和履带轮之间添加磁力与摩擦力，使履带轮的转动可以带动爬壁清洁机器人在钢板仓上爬行。

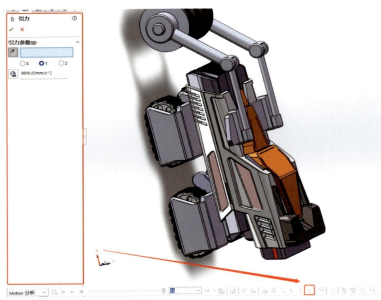

图 2-21 引力设置

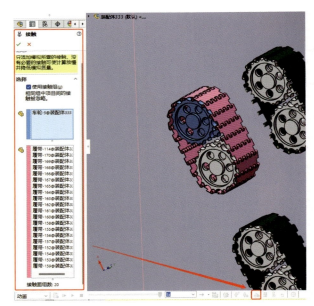

图 2-22 接触设置

添加机器人与钢板仓之间的磁力（图 2-23），主要是为了提供与机器人运动方向相同的摩擦力，同时还可以保证机器人在爬壁工作时不会出现翻倒的情况。磁力是由永磁性履带片提供的，在设置时需在 4 个履带处都添加磁力，总磁力以可提供的最小磁力 840N 来计算，每个履带上所提供的力可设置为 210N。

爬壁清洁机器人受到的摩擦力是驱动其前进的力。这种摩擦力主要是静摩擦力，而静摩擦力要略大于同等条件下的滑动摩擦力。因此在设置时，可以参考滑动摩擦力的大小来确定静摩擦力的大小。据资料查询，橡胶材料与钢铁材料之间的滑动摩擦因数在 0.4 ～ 0.8 之间，具体数值因选择的橡胶材质而有所不同。为了保证机器人运动的稳定性，可将摩擦因数设为 0.75，由此估算磁力可以提供的摩擦力为 630N。这个摩擦力大小已经可以实现机器人的吸附和运动，其方向与设置的重力方向相反。同时，需在 4 个履带上设置大小相等的摩擦力。摩擦力的设置方法和磁力的设置方法相同。

5. 添加阻尼

在物理系统中，阻尼通常是由摩擦力等因素引起的，通过添加阻尼可以更加准确地进行仿真模拟。阻尼可以帮助稳定系统。如果一个系统没有阻尼，可能会出现振动或不稳定的情况。添加适当的阻尼，可以减少振动，增强系统的稳定性。阻尼可通过软件下方工具栏的"阻尼"功能来设置（图 2-24）。阻尼应在两个物体的接触面上进行设置，并且设置合适的阻尼常数。

图 2-23　磁力设置

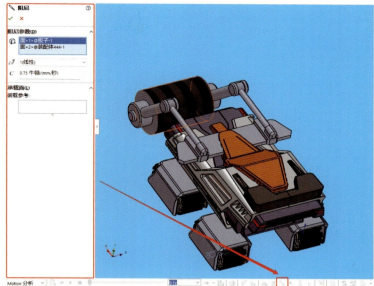

图 2-24　阻尼设置

6. 添加马达

马达可以创建线性运动、旋转运动或基于路径的运动，也可以用于阻止运动。在 SolidWorks 中，添加马达可以模拟各种机械运动，例如齿轮、连杆、凸轮、活塞等机构的运动规律，以及各种机械系统的运动状态。通过添加马达，可以在计算机上进行机械系统的运动学仿真和动力学仿真，预测机械系统的性能和运动特性，从而更好地优化产品设计、提升产品质量和可靠性。

爬壁清洁机器人的马达设置主要包括两个部分：履带上的马达、清洁滚筒处的马达。这两处的马达可分别实现机器人的移动模块和清洁模块的工作，主要用于模拟电机和舵机的工作状态。履带上的马达设置在 4 个履带的驱动轮处，模拟马达带动驱动轮转动、驱动轮带动履带转动，最终模拟爬壁清洁机器人的爬行过程。马达的添加可以通过软件下方工具栏的"马达"功能实现（图 2-25）。马达的设置主要包括方向、转速。4 个履带都要进行单独配置，并通过不同的方向、转速，实现不同的运动方式。

对爬壁清洁机器人的工作进行模拟时，还要针对其清洁滚筒进行设置。清洁滚筒需以一定的转速旋转，并可以抬起与落下，该部分的模拟主要通过旋转马达来实现。旋转马达设置于清洁滚筒和清洁臂处。清洁滚筒马达的转速可依据具体的使用需求设置；清洁臂马达以固定角度设置，以此模拟舵机的工作，保证其在工作时不会出现因运动行程过大而导致的干涉问题（图 2-26）。

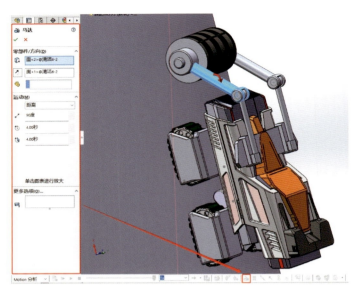

图 2-25　驱动轮马达设置　　　　　　　　　　　图 2-26　清洁臂马达设置

2.3.2　编程

爬壁清洁机器人各种功能的控制通过编程来实现。编写程序代码并设置各类条件，可以使爬壁清洁机器人成功运行。常用的编程软件有 Arduino、Visual Studio Code、PlatformIO。

爬壁清洁机器人的功能模块是为了实现各种功能，主要包括滚筒刷的起落模块、喷漆模块、红外探测模块、超声探测模块和自动巡航模块。其中，滚筒刷的起落模块由一个舵机控制，喷漆模块由电路中的高低电平控制。

在编写爬壁清洁机器人的代码之前，需安装一些相关的库文件，其中主要使用的是红外探测模块和超声探测模块的库文件。另外，在程序调试过程中，各个模块的工作时间具有不确定性，需根据各个部件的实际选型和实际工况进行调试。

以下为各个功能模块的代码实现。

① 滚筒刷的起落模块。
控制舵机旋转方向、设定旋转角度，并通过连接杆控制滚筒刷的起落。

```
void up(){
  myservo1.write(45);
  delay(1000);
}

void down(){
  myservo1.write(135);
  delay(1000);
}
```

② 喷漆模块。

喷漆模块将开关与开发板上的一个引脚连接，通过引脚上的高低电平控制开关状态，进而对喷漆工具进行控制。

```
void Work(){
  digitalWrite(13,HIGH);
  delay(2000);
  digitalWrite(13,LOW);
}
```

③ 红外探测模块。

红外探测器安装于爬壁清洁机器人的底部，探测其是否到达钢板仓的顶部。

```
Serial.begin (9600); //9600 (PC 端使用)
irrecv.enableIRIn (); // 启动红外解码
pinMode (HWPin,INPUT);
pinMode (13,OUTPUT);
```

④ 超声探测模块。

超声探测模块安装于爬壁清洁机器人的前部，通过超声波的反射来判断前方的距离，主要用于判断其是否行驶至钢板仓的底部，并与红外探测模块共同检测判断其是否需要转向。

```
int readPing() {
  delay(70);
  int cm = sonar.ping_cm();
  if(cm==0)
```

```
  {
    cm = 300;
  }
  return cm;
}
```

⑤自动巡航模块。

自动巡航模块的设计是为了减少手动操作的工作量。超声探测模块和红外探测模块的设置，可以使爬壁清洁机器人按照预设路径工作。在有指令输入的情况下，机器人会及时退出自动巡航模块，只有再次输入指令才能继续运行。自动巡航模块包括向左切换路径、向右切换路径和实现自动巡航模块的整体代码。

```
// 向左切换路径
void NextroadL(){
  movestop();
  delay(500);
  turnLeft();
  delay(100);
  turnLeft();
  delay(100);
  movestop();
  delay(100);
  moveforward();
  delay(1000);
  movestop();
  delay(100);
  turnLeft();
  delay(100);
  turnLeft();
  delay(100);
  movestop();
  delay(100);
  lor = 0;
  moveforward();
}
```

```
// 向右切换路径
void NextroadR(){
  movestop();
  delay(500);
  turnRight();
  delay(100);
  turnRight();
  delay(100);
  movestop();
  delay(100);
  moveforward();
  delay(1000);
  movestop();
  delay(100);
  turnRight();
  delay(100);
  turnRight();
  delay(100);
  movestop();
  delay(100);
  lor = 1;
  moveforward();
}
```

实现自动巡航模块的整体代码

```
  if((loooop == 1 || lor == 1)){
    if (digitalRead(HWPin) == 0 || distance <15){
      NextroadL();
      lor = 0;
      }else if(digitalRead(HWPin) == 1 && distance >15){
        moveforward( );
        }
        delay(500);
  }else if((loooop == 1 || lor == 0)){
    if (digitalRead(HWPin) == 0 || distance <15){
      NextroadR();
      lor = 1;
```

```
}else if(digitalRead(HWPin) == 1 && distance >15){
  moveforward( );
  }
  delay(500);
}
```

2.4 图形化编程

编程语言是被标准化的交流工具，用于向计算机发出指令，构建计算机程序。图形化编程指的是编写有界面的程序，避开了复杂的语法，保留了编程思维。虽然图形化编程是一种适合入门的编程方式，但内容却很丰富。8 个编程部件基本包含了常见的编程概念，如程序的 3 种基本结构：顺序结构、循环结构和选择结构，还包含变量的定义和链表（数组）的使用等。常用的图形化编程软件有 Scratch、MakeCode 和 Mixly 等。

在爬壁清洁机器人的图形化编程过程中，需要通过模块之间的相互搭建，将爬壁清洁机器人的各个运动形态构成一系列相互独立的函数，并在程序的主循环中依据不同判断条件的设置来对搭建好的函数进行调用。对于爬壁清洁机器人来说，其必要的函数包括运动函数和工作函数。

运动函数的运动模块包括前进、后退、左转、右转和停止（图 2-27）。

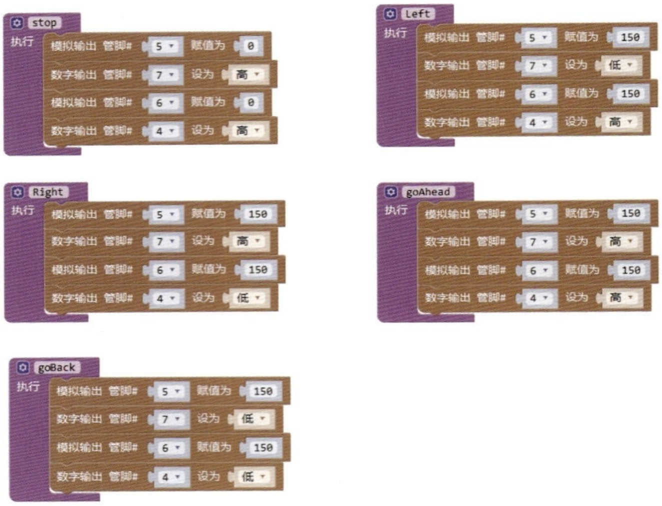

工作函数的工作模块包括滚筒刷的起落、清洁喷头的开关（图 2-28）。滚筒刷的工作原理是通过控制滚筒刷

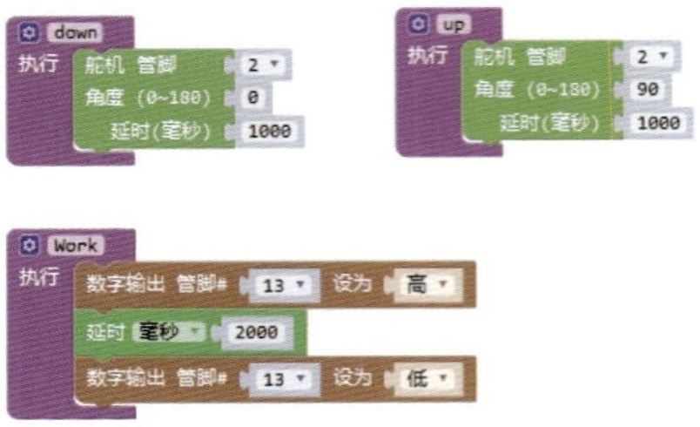

图 2-27　爬壁清洁机器人运动模块图形化编程

图 2-28　爬壁清洁机器人工作模块图形化编程

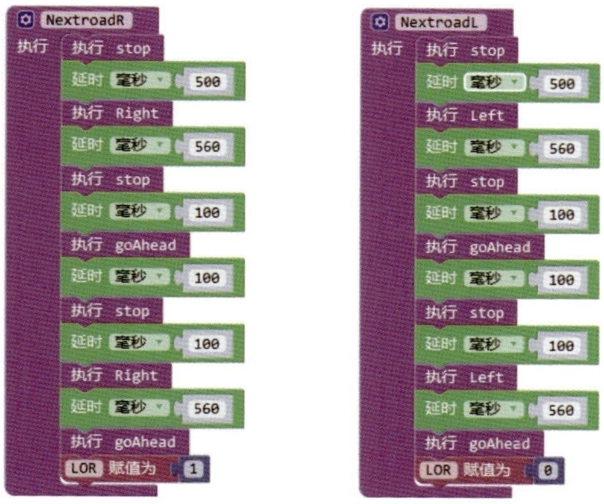

图 2-29　爬壁清洁机器人自动巡航模块寻路图形化编程

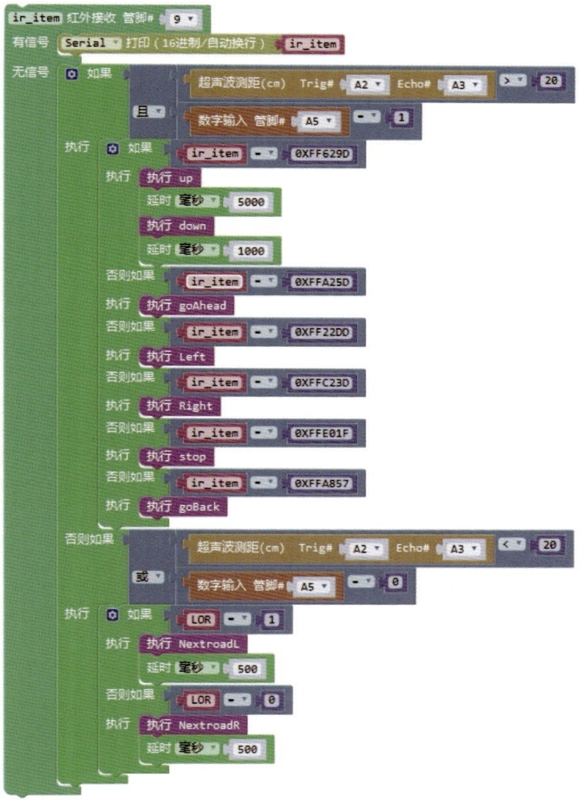

杆上舵机的转动，以带动滚筒刷的起落；清洁喷头的工作原理则是将其和一个电路的引脚相连接，通过该引脚上的高低电平实现开关的控制。

完成爬壁清洁机器人动作模块的图形化编程后，将各个动作组合起来，并加以适当的延迟函数。通过传感器的感知和相应的条件设置，可以实现机器人的自动运行。在机器人自动巡航的过程中，可将重新寻找路径的操作整合成函数，根据向左、向右不同的巡航方向，把机器人的巡航分为两部分，使其在运行时交替工作，从而实现寻路功能（图 2-29）。

完成各个模块的构建后，需进行主程序的最终构建（图 2-30）。当红外探测器和超声探测器均不满足转向需求时，爬壁清洁机器人会按照原路径一直前进，一旦两个探测器中的任何一个给出信号，它就会实现相应的转向功能。同时，机器人在自动巡航的过程中，可以接受任何指令，及时退出自动巡航并按照指令进行相应的动作。在完成指令后，机器人直接进入自动巡航状态，继续进行工作。

图 2-30　爬壁清洁机器人自动巡航模块图形化编程

附录：戴森的产品创新战略

戴森是一家著名的英国家电品牌，从起家的吸尘器，到之后扩展的吹风机、干手器和空气净化器等产品都维持行业高端定位。提起戴森，人们往往会想到它的吸尘器。在戴森的多个品类中，吸尘器占据了公司近80%的销售利润。在1993年第一款吸尘器面世时，戴森不过是一个家电初创企业，然而凭借其对产品从设计形态到用户体验的精益求精与持续迭代，如今戴森吸尘器在全球吸尘器市场长期占有一席之地。即使在家电市场整体下行的时期，戴森吸尘器在2020年依然实现了3.2%的销售额同比增长。

回看当年市场数据，其首款吸尘器DC01为戴森带来一份不错的成绩单。在创始人James Dyson历经5年研发和5127次模型试验后，这款吸尘器彻底解决了旧式真空吸尘器气孔容易堵塞的问题，上市即赢得"吸尘器发明以来首次重大科技突破"的赞誉。数据显示，在上市当年，DC01就成为了英国最畅销的真空吸尘器产品；从1993年DC01发布到2001年DC07问世之前，DC01单SKU销量就占英国立式吸尘器市场的47%。

然而，面对尚未稳固的市场地位和已有竞争者的威胁，戴森认识到，这款突破性产品的上市是开端而不是结束，要保持市场领先地位，公司必须持续进行产品的迭代创新。Ansoff matrix战略模型矩阵显示，公司要实现业务增长，需要在市场和产品两个维度深耕：以既有产品继续渗透当前市场或开拓新市场；面向当前市场或新市场开发新的产品（图2-31）。

对当时的戴森而言，市场渗透策略和开发新市场策略都不是最有效的业务增长手段，有以下两个原因。

① 戴森首款产品上市时，吸尘器市场已经相对饱和。20世纪90年代，欧洲和北美

公司要实现业务增长，需要在市场和产品两个维度深耕

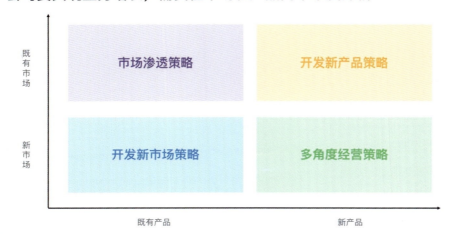

图 2-31　Ansoff matrix 战略模型矩阵

的吸尘器市场渗透率已经达到 85%，市场需求主要来自产品因老旧和损坏产生的替换需求。当时吸尘器的平均生命周期是 8 年，人们对购买新吸尘器的需求并不大。而在未饱和市场中，家居地板材质导致市场对吸尘器的需求量非常小。

② 第二次世界大战后，吸尘器真正意义上成为家用电器，吸尘器市场在近半个世纪的发展中逐渐成熟，市场竞争格局已经相对稳定（图 2-32）。在英国，吸尘器市场长期被胡佛（Hoover）、伊莱克斯（Electrolux）、松下（Panasonic）和美诺（Miele）四大行业龙头占据。

而在产品方面，这款使用突破性技术的吸尘器还有很大的优化空间。

① DC01 的定价是传统吸尘器的 2 倍，在价格上没有明显的优势，戴森无法以成本领先战略来赢得更多市场份额（图 2-33）。

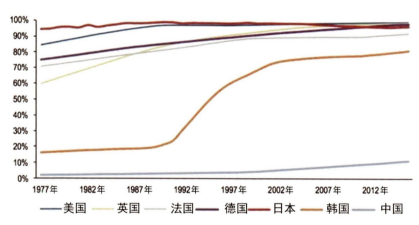

图 2-32　各国吸尘器普及率

面对低价竞争和对手模仿，戴森不得不继续产品迭代和创新

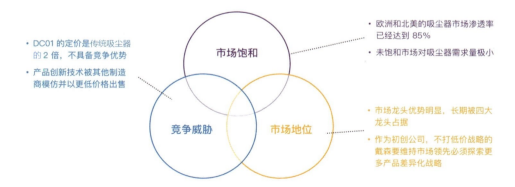

图 2-33　戴森面临的市场威胁

② DC01 的无尘袋技术开始被其他制造商模仿并以更低价格出售，戴森不得不探索新的差异化竞争方式。

③ 无尘袋技术虽然解决了吸尘器吸力减退的问题，但是要让吸尘器更好用，戴森需要继续探索其他可改进之处。

解决方案：以开发—验证—学习的循环实验驱动产品迭代创新

创始人 James Dyson 信奉从失败中学习的精神，这种精神很好地体现在公司的产品创新方式上。戴森每款新产品的开发都遵循一套内部迭代式产品开发流程，以循环实验驱动创新。戴森前任 CEO Max Conze 在一次公开论坛中也肯定了实验和失败在公司创新过程中的作用。

James Dyson 和每位戴森人都坚信这种创新方法：提出一个问题后，开始思考可能的解决方案，并建立解决方案的原型，然后就是不断地迭代，迭代，再迭代。

传统的产品开发在很多时候是线性的"闭门造车"过程，直到产品上市才开始搜集市场反馈；而从戴森产品开发流程中可以看出，戴森从产品设计阶段开始，就会开展无数次开发—验证—学习的循环实验，并根据反馈不断调整和改进产品原型，直到产品最终发布（图 2-34）。

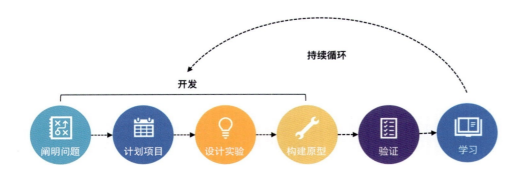

图 2-34　戴森产品开发流程：开发—验证—学习

1. 开发（Build）

① 阐明问题。

精益实验设计始于用户真实需求，而非团队单方面的头脑风暴。在这一阶段，戴森从搜集用户反馈到运用 ACCESS FM 模型，将用户问题转化成产品功能语言，让团队在设计实验阶段达成共识。

在设计 DC03 吸尘器产品实验时，戴森先搜集了已上市的 DC01 和 DC02 两款产品的用户反馈。最终，团队收回 7.2 万份问卷和 5000 份附加信件。另外，戴森给每位员工都发放了一台吸尘器，员工在家中使用后，也为产品提供了很多改进和优化的建议。

得到用户真实需求后，团队将其转化为 ACCESS FM 产品概要模型（图 2-35）。有些用户特别需要体型轻薄的吸尘器，有些用户希望吸尘器的吸力能够提升。为避免工程师在设计实验过程中对用户问题出现不同的解读，上述两种需求就会被分别描述为：产品质量在 6~7kg 之间（尺寸）；马达转速达到 104000r/min（功能）。

② 计划项目。

新产品设计项目的时间表通常会安排得很紧凑。设计过程的迭代性意味着一个新的产品构思需在开发—验证—学习这三个阶段进行多次重复。因此，戴森团队会在项目中设置里程碑，以保证项目进度的推进。

图 2-35　戴森 ACCESS FM 产品概要模型

③ 设计实验。

产品开发的成功取决于能否更早地获取有价值的信息，每往后一步，产品迭代成本就会呈指数级上升。戴森十分注重 MVP（最小可行性产品）验证，以最小成本来验证尚未确定的产品方案。因此，在设计实验阶段，产品原型的迭代就已经开始了。戴森工程师们通过精简的草图，不仅可以快速沟通复杂的产品想法，也能够很快地对草图进行多次迭代（图 2-36）。

④ 构建原型。

"做出人们想要的东西"是每个团队开发产品时的愿景，但在面对发布产品的紧张排期时，团队很容易错过一个从用户那里获取反馈的关键机会——验证产品方案。戴森的工程团队通过在短时间内构建原型，提前验证产品方案并对原型进行迭代完善。

构建原型通常需要投入很长的开发时间，但戴森还是找到了以 MVP 形式快速构建原型的方法——纸原型制作 –CAD 绘制 –3D 打印，进行层层递进式迭代。在虚拟原型迭代完成后，团队才会输出物理原型，以最大限度地降低产品创新的研发成本。

当纸原型被初步验证后，团队会进行 CAD 绘制，并使用仿真软件 Ansys 快速地对每个组件进行详细的结构分析和改进，在一天内就能评估和优化至少 10 次的设计迭代。虚拟原型迭代完成后，团队会利用 3D 打印技术在一周内输出物理原型并进行真实场景的测试（图 2-37）。

在 3D 原型制作阶段，团队依然遵循"以最小成本验证不确定性"的原则，不会直接输出具备全部功能的产品原型，而是先制作足以验证某个功能的单功能原型。比如，戴森 DC39 球形真空吸尘器在降噪、涡轮吸头、气旋功率等方

图 2-36 经过多次迭代的马达设计草图

图 2-37 戴森 DC39 产品原型

面都进行了技术改进或创新。团队制作了球形内部降噪、气流旋转速度等多个单功能原型，以在测试阶段分别进行验证。完成验证后才最终形成图 2-37 右下角的完整原型。

2. 验证（Test）

在原型验证阶段，戴森团队会进行内部和外部测试，以提前验证产品方案的可行性。

在内部测试方面，除了人们所熟知的产品性能和质量测试，戴森还会尽量还原用户真实使用场景来测试产品（图 2-38）。公司的测试实验室会还原家居环境的场景，确保产品原型测试的结果更符合用户真实的使用情况。比如，戴森在我国实验室里搭建了一个模拟中国家居环境的空间，包含一间客厅、一间卧室和一间卫生间，并定期委托专业团队从真实家居环境中采集灰尘样本。

在外部测试方面，工程师们会邀请目标用户进行多次用户测试（User Trial），然后根据用户的反馈对产品进行调整（当然，这些用户会与公司签订保密协议）。DC22 吸尘器在进入日本市场前，为了让产品更本土化，戴森召集了一批日本用户真实体验产品原型。在观察用户体验过程中，团队发现用户都不使用脚踩机器按钮的方法来控制开关。经过访谈才得知，在日本文化中，用脚进行操作被认为是无礼和不洁净的。这个洞察让团队得以及时修改 ACCESS FM 产品概要模型，并将原型的开关方式更改为射频信号识别方式。

图 2-38 戴森实验室（上海）

在进行内外部测试时，团队会同步搜集测试的结果数据，并进行分析。该分析会与设计初期用于描述产品语言的 ACCESS FM 框架对齐，以客观评估产品是否符合用户需求。

一般而言，测试通常采用定量和定性两种方式。通过定量方式获取的数据帮助团队发现数据上的规律共性；通过定性方式获取的数据帮助团队了解用户行为背后的动机想法。根据产品所处的精益实验的不同阶段，这两种测试方式需区分使用。

3. 学习（Learn）

精益实验强调通过实验进行学习，探寻产品改进之处。通过数据测量和分析，团队将从本次实验中获得的产品改进意见作为下一次实验的基础，并提出新的解决方案，实验循环的过程由此展开。团队也在不断实验中驱动产品的优化与创新。

戴森的 Tangle-free Turbine 吸头是一款采用防头发缠绕专利技术的吸尘器吸头。从这款吸头在构建原型阶段的迭代情况可以看出团队不断学习和改进的过程。

① 普通吸头测试：在硬地板上对普通吸头进行测试时，发现部分灰尘难以吸除干净，是因为其吸头高速旋转时会产生静电，这使得部分灰尘反而被地板吸走。于是，团队找到了具备反静电特性的碳纤维吸头替代普通吸头，希望能够提升吸尘量。

② 碳纤维吸头测试：在对碳纤维吸头进行原型测试时，发现其滚刷在设计上很容易缠绕头发等长纤维物质。团队经过研究，发现滚刷若以圆周运动方式运行，就能够让头发滚成球状，以解决缠绕问题。

③ Tangle-free Turbine 吸头测试：根据圆周运动原理，团队测试了几十种方法来模拟圆周运动，最终确定以两个反向旋转的圆盘将头发缠绕成球状的解决方案，并在后续测试中验证了大小齿轮配合能达到最佳效果（图 2-39）。

目标效益：开发精益产品，长期保持市场领先地位

1. 构建产品技术壁垒

通过不断的产品迭代升级，戴森率先构建了其吸尘器核心技术的竞争壁垒。戴森自主研发的数码马达历经 9 年 8 次迭代后，V10 马达接近家用功率上限（转速达到 125000r/min），同时重量却不断减轻，这让其吸尘器性能保持领先优势。

2. 成为专业市场领先者

除了在技术上追求突破，戴森对产品附属功能的极致追求和对已有吸尘器系列的持

图 2-39　普通吸头与 Tangle-free Turbine 吸头的对比

续改进，赢得了消费者的良好口碑。根据欧睿数据，2017 年戴森在全球吸尘器市场的销售量登顶第一，而后每年保持近 1% 的增长趋势，领先优势得到持续巩固。

3. 持续打造明星单品

通过开发—验证—学习的精益产品开发流程，戴森对产品进行数以百计的微小且持续的创新，最终实现颠覆式的产品创新成果。如吸尘器 V8 Fluffy 一经上市就成为爆款，占该品牌超过 1/4 的总体销售额。

（该案例来自知乎的商业微创新案例分析）

设计课题和思考题

1. 为了节约能源，设计一个提醒人们关灯的方案。

2. 组建团队，通过头脑风暴，提出尽可能多的提醒城市管理人员在垃圾桶装满之后立即清倒的办法。

3. 小组讨论如何制订医疗诊断系统中心监视器的设计周期。

4. 汽车安全气囊如今已成为不可或缺的汽车安全装置。比起汽车的发展历史，安全气囊的发展历史相对短暂得多。描述安全气囊的变化历程，并列出使安全气囊设计发生变化的各种因素。

5. 开发一种载人火箭运输设备，列出所需的设计条件和资源。

6. 比较商用飞机与遥控无人机的设计周期，说明两者之间有什么不同。

7. 思考如何将一家生产氢能燃料电池和太阳能电池的大型加工厂接入国家电网。其中最重要的设计问题是什么？

第 3 章　概念开发

作为反映事物本质属性的思维方式，概念思维抛开了事物的非本质属性，抽象出事物的本质属性。产品概念是对用户需求和产品功能的抽象描述。概念设计是从发现和分析用户需求到生成概念方案的一系列有序、有目标、可组织的设计活动。产品满足用户需求和市场需求的程度取决于产品概念的内涵，包括设计目标、设计理念等，其研究过程由粗略到精细、由模糊到清晰、由抽象到具体不断进化。本章以光学产品国际创新设计营项目为教学案例。

3.1 识别需求

用户需求是产品设计的出发点，没有用户需求，产品概念设计就没有需要解决的问题了。有线电话的概念是"远程通信"，手机的概念是"移动通信"，而智能手机就不仅仅是围绕"通信"展开概念了。智能手机开发者提出了"独立的操作系统""独立的运行空间""由第三方服务提供商提供软件、游戏、导航等程序""由用户自己安装，通过移动通信网络实现对移动电话的无线网络接入"等概念。这些概念把人们的潜在需求"创造"出来，给生活带来了翻天覆地的变化，人们能做很多以前无法想象的事情。因此，概念开发不仅是对现有产品的研究，更重要的是识别需求。

在大众消费者的印象中，天文望远镜属于"高科技""专业仪器"一类的产品。这类产品可以帮助人们发现大千世界中未曾发现的一面。人类对宇宙的认知总体上还处于初级阶段，通过天文望远镜观察地球外的太空，可以探索未知，激发好奇心，培养热爱科学的意识。

杭州天文科技有限公司为开拓市场空间，与高等院校联合举办了为期 3 周的光学产品国际创新设计营。该项目通过产品设计提升天文望远镜的专业性、教育性、科普性和趣味性。中外师生与工程师协同研究，从趋势、企业、市场和用户研究 4 个方面展开调研、识别需求、提出问题、构建产品设计概念。图 3-1 是对现有产品的调研。

识别需求意味着研究现实中的问题。课本和教师所提出的问题可能是结构明确的问题，而现实世界中的问题，往往是开放的、结构模糊的。结构明确的问题往往有明确答案；而开放的、结构模糊的问题往往有多种解决方案。

解决问题需要 3 个步骤：一是识别问题；二是识别问题的原因；三是提出解决问题的方案。研究天文望远镜的用户需求，需进行用户调研和使用环境调研。

设计营开营的第二天（2022 年 11 月 8 日）晚上出现了月全食现象。设计小组在学校附近的街区进行现场调研（图 3-2）。月全食吸引了众多人出来观察这难得一见的现象。其中有一对父女对着一架天文望远镜进行调试，但对如何调

现有产品 Existing Products

品牌	Bresser Solarix AZ 76/350 （宝视德）	Meade Eclipse View Dob （入门级）	EXPLORE SCIENTIFIC 大口径专业天文望远镜 （专业级）	博冠BOSMA马卡1501800 天文望远镜
卖点描述	支架较为稳定；调节器方便转换；搭配手机适配器，方便拍照	360度旋转底座；即指即看设计；轻量化设计；牛顿反射式光学系统；可快速完成组装	成像清晰；拍照分享方便；寻星定位精确	可连接电脑自动导星寻星；大口径、长焦距、高倍镜；微电子赤道仪可以实现跟踪拍摄
价格	810元	1365元	1889元	8800元
缺点	体型稍大，需要进行一系列的组装才可以进行观察	支架功能单一；造型不贴合人体抓握姿势；支架材质为木制，重量轻、不牢固	操作复杂，需要用户有一定的专业知识；组装调试较麻烦	价格昂贵，体积较大，重量较大；需要用户具有一定的天文知识和相关软件知识

图 3-1　调研现有产品

2022.11.08 – 18：20
人物：父亲和女儿。
事件：无法调焦距、在望远镜里找不到目标、不清楚目镜的倍数、不会调支架。

2022.11.08 – 20：30
人物：拿出望远镜的父女、小组调研人员和被吸引来的老年人、小孩、情侣、保安、母子。
事件：通过调研人员的帮助以及不断尝试，这对父女终于在2小时后在镜头里找到了月亮。围观的群众表现了对望远镜找到月亮的高度热情，纷纷拿出手机拍照。
想法：人们不买望远镜，并不是对望远镜完全没兴趣，只是缺少一个契机。

图 3-2　现场调研 / 罗梦婷、徐晨峰、王琦、董劲坤、谭旭

整三脚架的高度，在目镜中寻找月亮却不得要领。从傍晚6点多，一直
忙到8点多，他们在小组成员的帮助下终于从望远镜中看到了月亮。小
组成员是第一次使用该望远镜，对设备不熟悉，也对这个高科技仪器有
一些距离感。设计小组通过实地调研和资料搜索，经过讨论得出了结论
（图3-3）。

设计小组在收集目标用户相关信息与调查研究的基础上，建立对用户的
认知，包括行为方式、兴趣爱好、个性特征等。通过总结目标用户群的
特征，并依据相似特征对用户群进行分类，为每种类型构建人物原型。
当人物原型所具有的特征变得清晰时，进行形象化处理。

人物原型也称用户画像，是表现目标用户群真实特征的综合原型。创作
用户画像需要做出一些重要性的假设，并对其进行分析，在此基础上通
过简洁的文字和图像进行描述。用户画像提供了清晰直观的不同类型的
用户信息，辅助设计人员理解并交流用户需求、行为和价值观。一般情
况下，每个项目需要3～5个用户画像，这样既能保证信息充分，又方
便管理（图3-4）。

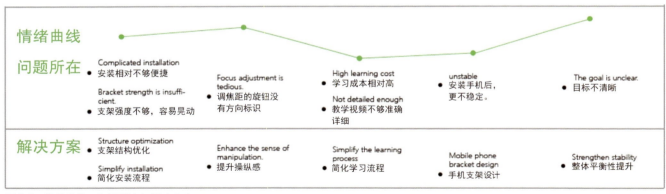

图3-3 情绪曲线、问题所在与解决方案

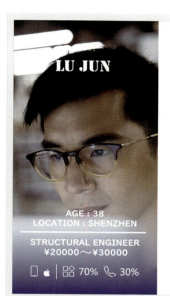

LU JUN

AGE : 38
LOCATION : SHENZHEN

STRUCTURAL ENGINEER
¥20000～¥30000

70%　30%

BIO

路均是深圳某公司的结构工程师。作为一个已婚男士，一边热爱着工作、一边也热爱着自己的家庭。一路奋斗过来，基本已经实现财富自由，在深圳某高级小区买下了属于自己的梦中之房。
工作中的他一丝不苟，有很强的钻研精神。生活里的他，是一个非常热爱生活的人，除了每周固定去健身房的时间，有空就会和家人在一起。
前两天，全家一起看电视的时候，新闻里说过这两天会出现一年一度的猎户座流星雨，在某地和某地是极佳的观看地点，新闻中提到的一个地方，正好是一个距离他们住地不远的水库，所以他们一家准备去那里露营。

PRICE
BRAND
APPEARANCE
PERFORMANCE
SERVICE

GOALS

- 一部质量很好的产品
- 可以寓教于乐
- 对于外观有一定的要求

MOTIVATION

他觉得天文知识对孩子来说是一个很有意思的内容，希望亲子之间有交流。

FRUSTRATIONS

- 重量可以能比较大
- 组装起来麻烦
- 复杂的操作步骤可能提不起孩子的兴趣

PERSONALITY

- 充满激情的
- 乐观
- 有创意的
- 值得信赖的

BRANDS

Apple　UnderArmour　Jeep
SIEMENS
SONY

BIO

王静芳，40岁，已婚带有一儿，居住在城市，在当地的一所高中任职教师，孩子王霖今年8岁，小学二年级，孩子的生日即将接近，希望送给孩子一份有意义的生日礼物，希望送给孩子的礼物有意义，孩子感兴趣，并且能够从中学习到一些知识。她想送儿子一台天文望远镜，但是现有的天文望远镜，看上去都十分复杂、使用也较为困难，王芳害怕买回来后孩子不会组装和使用，而一些较为基础的杂牌天文望远镜虽然便宜但是看上去质量不佳，买回来后怕孩子感到失望，并且体验很差。希望能够遇到一款使用简单，质量尚佳，比能够让孩子从中学习到天文知识，并不断的使用，而不是在一旁吃灰。城市里的观景环境不太好，购买了天文望远镜也能增加一家人出去共游的契机。

PRICE
BRAND
APPEARANCE
PERFORMANCE
SERVICE

WANG FANG

AGE : 40
LOCATION : QING DAO

STRUCTURAL TEACHER
¥8000～¥10000

40%　60%

GOALS

- 一部性价比不错的产品
- 给孩子培养一个兴趣爱好
- 相送给孩子做礼物

MOTIVATION

天文相对于很多人来说是一个很有意思的概念，孩子可能会很感兴趣，她自己在接触之后，也觉得挺有意思，也希望在自己忙的时候，孩子不会那么孤独。

FRUSTRATIONS

- 自身为高中老师非常忙碌，没有时间陪孩子
- 组装麻烦
- 有很多零件，难以处理卫生问题

PERSONALITY

- 充满激情的
- 乐观
- 有创意的
- 值得信赖的

BRANDS

mi　Lenovo
PHILIPS
HUAWEI

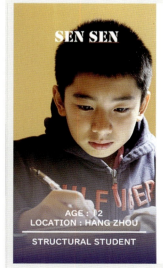

SEN SEN

AGE : 12
LOCATION : HANG ZHOU

STRUCTURAL STUDENT

BIO

森森已经12岁了，是一个很懂事安静的孩子，从小就十分喜欢看书。不过这正是因为他这样的性格，他也没什么朋友。妈妈问森森想不想要一台天文望远镜，她看见森森的眼睛一下亮了，然后又小声的说，今天他的同学跟他说，他想买一个望远镜，但因为价格的原因，同学的妈妈没有给同学买，所以他也不是很想要问小明喜欢那个颜色，但是一瞥眼，她看到了沙发上的那本《星星的故事》，所以她决定给孩子买一个望远镜，因为孩子一直喜欢蓝色，所以给孩子买了一个性价比不错的一部蓝色望远镜。

PRICE
BRAND
APPEARANCE
PERFORMANCE
SERVICE

GOALS

- 亲眼去观察世界外面的世界
- 他能够使用
- 希望大家能一起观看

MOTIVATION

他看过相关的书籍，对此产生了比较浓厚的兴趣，他班上的朋友也跟他聊到了这个话题。

FRUSTRATIONS

- 连接件可能比较难拧紧，小孩子没有力气
- 零件太多小而紧很容易丢东西
- 复杂的操作步骤可能提不起孩子的兴趣

PERSONALITY

- 安静
- 乐观
- 比较独立
- 值得信赖的

BRANDS

LEGO

图 3-4　用户画像

3.2 概念生成

概念生成过程从用户需求和目标市场研究开始，产生一组产品概念并从中进行选择。产品概念是对用户需求、工作原理和产品设计理念的大致描述。一个高效的设计团队会生成上百个概念，其中有 3 个会在设计过程中被选用。概念生成是一个创造性的过程，设计团队可在结构化的方法中获得有价值的概念。概念生成的成本较低，是一种有效的产品开发工具。人们可能会认为专业人员更擅长概念生成，实际上这是一种可以学习和培养的技能。设计营 8 个小组从多个天文望远镜概念中选择了 3 个概念进行分析。天文望远镜的概念生成见表 3-1。

表 3-1　天文望远镜的概念生成

组别	小组成员	概念生成	概念评价	确定的设计课题
1	陈婉婷、杨婷婷、毛文涛、胡航玮、张同宇	概念 1：千禧一代 概念 2：中国盒子 概念 3：天圆地方		天圆地方天文望远镜概念设计
2	叶梦媛、张慧东、王冬雨、董炫彤、叶幸子、朱可容	概念 1：家庭场景 概念 2：寓教于乐 概念 3：模块化		适用于家庭使用的天文望远镜设计
3	杨红成、柳晨晨、陈君君、章梦琪、曹璇	概念 1：成长型 概念 2：可拆卸 概念 3：通用化		成长型天文望远镜设计
4	王璐祯、杜逍云、周嘉进、唐瑾天、徐越	概念 1：同桌分享 概念 2：分光式 概念 3：自组化		新概念教学天文望远镜设计
5	罗梦婷、徐晨峰、王琦、董劲坤、谭旭	概念 1：合家欢 概念 2：家庭共用 概念 3：共同参与		家庭共用天文望远镜设计
6	管义力、张铭、袁梁权、廖灵菲、徐天页	概念 1：易操控 概念 2：手机适配 概念 3：便携		针对 90 后的天文望远镜设计
7	梁羽、陈飞杰、朱群峰、刘楚莹、廖茂伶、黄海超、魏铭轩	概念 1：亲子互动 概念 2：月光宝盒 概念 3：AR、VR		亲子互动的家庭天文望远镜
8	高雨沁、李沂霖、陈祥、顾语欣、肖琳琳、余禹彤	概念 1：天圆地方 概念 2：趣味性 概念 3：游戏性		为新时代女性设计的生活化天文望远镜

概念生成后需进一步优化，以得到充分的分析。应在项目评估标准和制约因素的背景下分析这些概念，识别出切实可行的概念。工程问题直接而具体地面向用户和外部环境，需通过分析筛选出最佳的、可实施的方案，同时考虑那些频繁引发冲突的多项目标、评估标准和制约因素。设计工程不是提出单一的正确方案，而是在几个可能的方案中识别出最佳的解决方案。

识别出一个问题的最佳解决方案，需对备选方案进行仔细且客观的评估，也要对每个方案的优点和缺点进行批判性分析，并以表格形式给出切实可行的方案的排序。最好的解决途径是综合运用问题标准，并对其进行评估。虽然不同的团队可能有同样的标准，但应对标准的不同方面给予不同程度的重视。例如，两个团队都将产品的可靠性和适应性作为评估标准，但是其中一个团队可能对可靠性更为重视，而另一个团队可能将适应性置于更重要的位置，这两种选择都具有合理性。对可靠性或适应性的权衡也不是一成不变的。可能在某个阶段更多地重视可靠性，然而过了这个阶段，其重要程度就会变低了。产品概念评估标准、重视程度及说明见表 3-2，产品概念制约因素、说明及内容见表 3-3。

产品概念评估建立在大量设计概念的基础之上，评估者需引导参与者对照预先设定的评估清单，对概念进行评估。

表 3-2　产品概念评估标准、重视程度及说明

评估标准	重视程度	说明
差异性	低　　　　　　　　　　　　　　高	差异性是指产品的独特性和与同类产品的区别，也是判断设计概念的创新指标
感染力	低　　　　　　　　　　　　　　高	感染力是指产品通过外观、色彩、声音和气味等感性因素对用户产生的影响
可靠性	低　　　　　　　　　　　　　　高	作为天文仪器，能否有效地完成天文观察任务，并能获得可靠的观察资料
安全性	低　　　　　　　　　　　　　　高	安全性是指在产品使用过程中，避免产品对人身安全、健康造成伤害或污染环境
操作性	低　　　　　　　　　　　　　　高	评估产品在使用方面的便利程度，以及用户界面质量、收纳情况等

表 3-3 产品概念制约因素、说明及内容

制约因素	说明	内容
时间	必须在一定时间内完成调研、概念生成和原型构建	项目进度、时间计划
团队	团队成员必须合作完成项目设计	分工合作、任务明确
文件	所有的讨论结果、草图、计算机模型和原型照片都要记录保存，并标注日期	工作记录

3.3 概念描述

产品概念是对产品功能、技术、工作原理和表现形式的描述，并简要说明了产品是如何满足用户需求的。其通常由简洁的文字、草图和三维模型加以描述。一个好的产品概念也许在后续设计中表现欠佳。但是，一个不好的概念，即便设计得再好，也难以取得商业上的成功。

由于概念设计不受技术、市场和经济条件的约束，概念描述对提升设计工程的思考质量十分有益。例如，对日常生活中司空见惯的物品，如工具、餐具、灯具、家具等，可用全新的概念进行描述，并可借鉴图片、草图等手段，将其以视觉形式描述出来。概念描述是从设计的"形而下"上升到"形而上"思考，旨在寻找从文字概念到现实世界的通道。天文望远镜产品方案试图突破"高科技"概念的限制，出现了"模块化""自组化""易操控"等概念，提出了仅用几个部件就可实现转换的可能性。

设计概念可用文字、图形、情景、视频和交互式多媒体等来表达。

① 文字。
运用文字描述天文望远镜的使用方法，并提出与产品概念相关的关键词（表 3-1）。

② 图形。

运用图形呈现产品创意，如草图、计算机三维设计模型等（图 3-5、图 3-6）。

③ 情景。

展示与产品有关的情景，如产品故事板、角色扮演等。

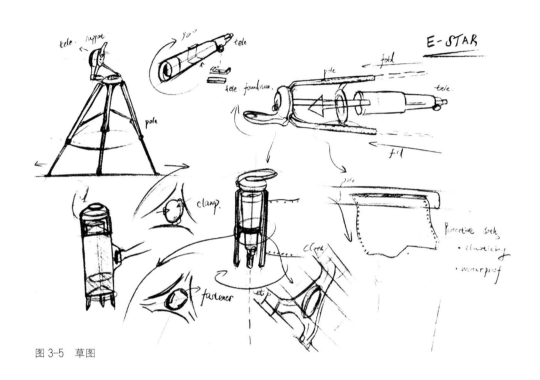

图 3-5　草图

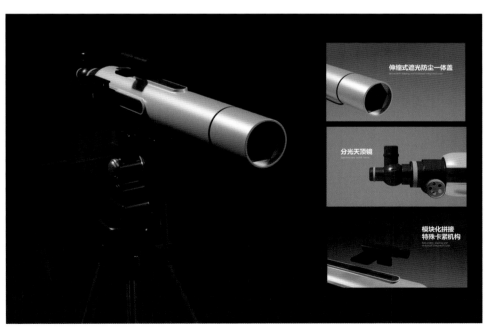

图 3-6　计算机三维设计模型 / 王璐祯、杜逍云、周嘉进、唐瑾天、徐越

产品故事板源于电影拍摄的分镜脚本，它展现了每个触点的表象、触点与用户在体验创造过程中的关系。产品故事板以一系列图片构成叙事序列，形成多样化的使用途径，有助于理解和解读设计流程。设计者可以依据产品故事板了解用户与产品的交互过程，进而从中得到启发。产品故事板会随着设计流程的推进而不断改进。在设计的初始阶段，产品故事板仅仅是简单的草图，随着设计流程的推进，内容逐渐丰富，可以融入更多细节信息，帮助设计师探索出更多决策路径（图 3-7）。

角色扮演是指由设计者扮演用户的角色，再现用户在使用产品过程中的场景和行为。这种方法使设计者融入特定场景中，关注用户使用细节及其身体语言，与用户建立同理心，探索用户与产品的交互过程，从而改进设计方案。设计营团队成员扮演了天文课上师生使用天文望远镜的情景（图 3-8）。

图 3-7 产品故事板 / 董劲坤

1. 老师在白天将设备搬至教室，通知傍晚实地教学

2. 学生们在上今天的数学课等专业课程

3. 傍晚时老师介绍天文望远镜相关理论知识

4. 一名学生在老师的指导下进行上手操作

5. 学生们排队体验

6. 课程结束后分析天文望远镜的构造

图 3-8 角色扮演 / 王璐祯、杜逍云、周嘉进、唐瑾天、徐越

④ 视频。

视频不仅可以动态地展示产品，还可以详细地说明产品功能、使用方法和产品结构（图 3-9、图 3-10）。

⑤ 交互式多媒体。

结合视觉效果和模拟的交互性，可以显示产品静态和动态图像信息，让用户在视觉、听觉上以及虚拟空间中获得丰富的产品体验。

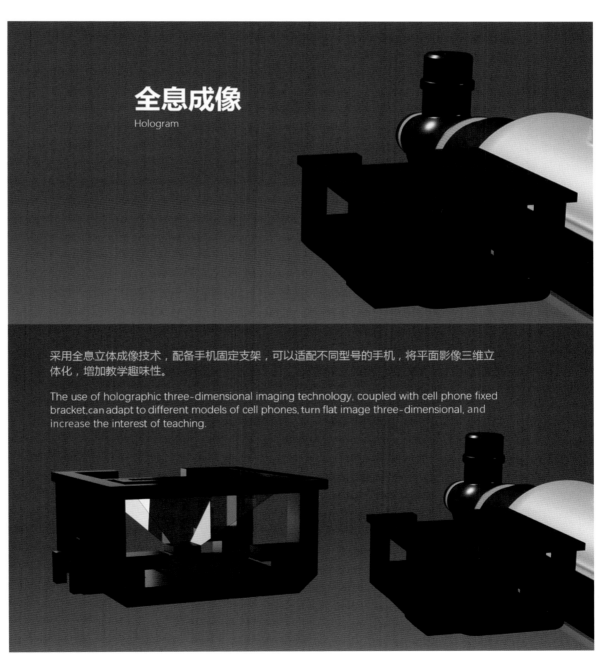

图 3-9　产品功能、使用方法

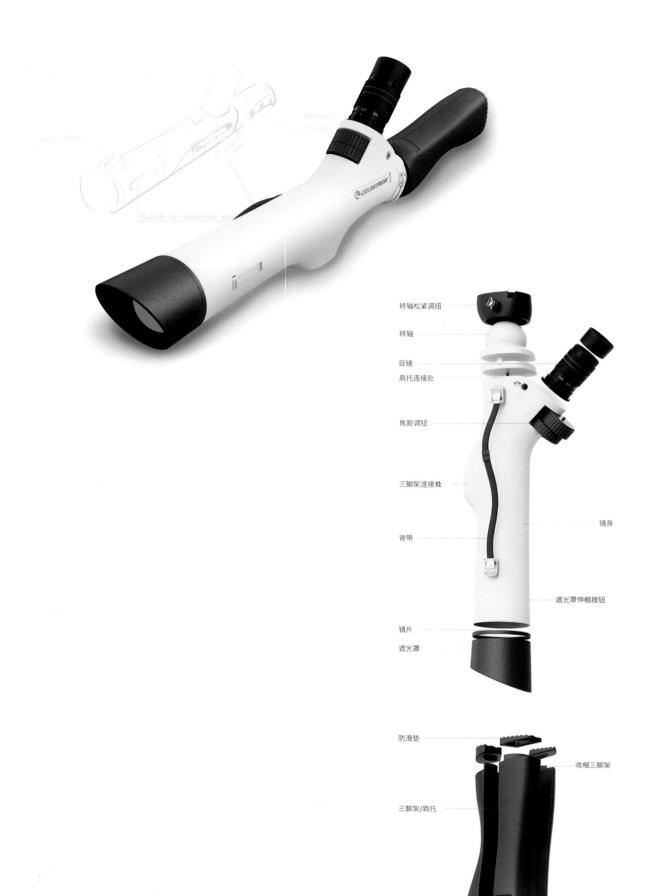

图 3-10 产品结构 / 王子涵、王子豪、雷诗语、倪诗雷

3.4　视觉化展示

设计项目评审和发布是项目设计流程中的重要环节，如产品设计评审、设计大赛、项目投标、设计作品展示等（图 3–11）。

设计项目评审人员或参观人员的构成具有多元性，有专家、教师、投资者、企业管理者、市场人员、用户、学生等。其中有专业人员，也有非专业人员。虽然有评审标准，但评审人员的评审角度和认知能力各不相同。例如，市场人员、投资者对产品的市场价值有很好的判断力，但不一定具有设计方面的专业水平。

图 3–11　设计营作品展示现场

设计项目发布通常有 3 种方式：演讲、设计报告或论文、展板。前两种方式在第 6 章有介绍，本节主要介绍展板。展板的设计要点是：在规定的版面尺寸范围内呈现产品设计的完整信息。有时设计者可以作现场讲解，但多数情况下设计者不在现场，也就是说产品信息展示效果主要取决于展板设计本身。

展板作为平面载体，通过图片、图表、色彩和文字等元素，将产品设计进行视觉化展示，旨在帮助受众在短时间内了解较为抽象的概念或是复杂事物的结构和功能。视觉化展示应运用形象直观的图片，而不是用大段文字描述产品信息。图片主要用于展示产品的概念是如何生成的，其生成过程是怎样的，其生成结果又是怎样的。针对用户需求和概念生成，用适量的资料说明创意，这些资料有助于受众理解产品设计中最有价值的信息。展板中的图解形式可以解答观众"怎样"和"为什么"的疑问，通过对设计元素的组合，将产品设计流程进行简单化和视觉化呈现（图 3-12～图 3-15）。

在展板有限的空间内，应高效展示设计中的重要内容，包括设计团队、设计调研、设计概念、产品功能及用户体验等。

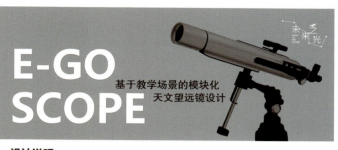

E-GO SCOPE
基于教学场景的模块化
天文望远镜设计

王璐祯 Wang Luzhen
杜逍云 Du Xiaoyun
周嘉进 Zhou Jiajin
唐瑾天 Tang Jintian
徐 越 Xu Yue

桌面调研
Desktop Research

外观 Appearance
结构 Structure
光学 Optical

折射式 赤道仪
Refractive Telescope
Equatorial Instrument

用户画像
User Profile

方法＆目的：运用头脑风暴方法，通过组内成员的角色扮演，模拟使用场景，从中发现教学过程中针对老师与学生两类人群的痛点

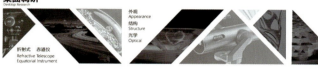
Da Zhou　Xiao Du　Xiao Xu　Xiao Tang

问题场景
Problem Scenario

9:00 A.M. 教师通知天文课程	18:00 P.M. 傍晚天文理论授课	19:00 P.M. 单名学生接受指导	19:30 P.M. 学生排队进行体验	20:40 P.M. 课程结束拆运部件
Heavy	Boring	Only one	Pushing	Blurry

初步方案
Preliminary Scheme

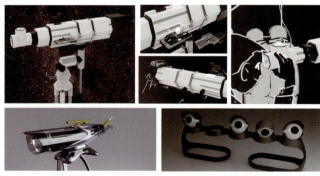

E-GO SCOPE
基于教学场景的模块化
天文望远镜设计

设计说明

E-GO SCOPE 是一款应用于教学场景的模块化天文望远镜，简身采用层包式插接轨道设计，并配有附加四大模块件，组装拆卸方便快捷，为天文教学中遇到的问题提供了针对性的解决方案。
The barrel body adopts the design of layered plug-in track, and is equipped with four additional modules, which is convenient to assemble and disassemble, providing a targeted solution for the problems encountered in astronomy teaching.

细节展示

全息手机支架
采用全息立体成像技术，配备手机固定支架，可适配不同型号的手机，将平面影像三维立体化，增加教学趣味性。

全景寻星镜
采用分光棱镜，让学生在捕捉到某颗实际星体时能同时观看到附近星座的相连星体，有助于学生了解星体位置。

防尘遮光罩
采用铰接机械结构，装配该模块件后可通过前后移动实现遮光罩的开启与关闭，拆卸后可另组装巴德膜等附属配件。

分光天顶镜
采用半透半反镜技术，与电子目镜搭配使用，目的在于能让尽可能多的学生同时观察天文现象。

模块化拼接 特殊卡紧机构

伸缩式遮光防尘一体盖　分光天顶镜

图 3-12　天文望远镜设计展板 / 王璐祯、杜逍云、周嘉进、唐瑾天、徐越

【天文望远镜设计 演示视频】

图 3-13   家庭共用的天文望远镜设计展板 / 罗梦婷、徐晨峰、王琦、董劲坤、谭旭

图 3-14　户外办公家具设计展板 / 吴胜宇、应渝杭、陈美琪、刘芙源、郑伟

Educational Children Games
2018 Allocacoc / DesignNest 国际创新设计营

主办：杭州电子科技大学　承办：杭州电子科技大学数字媒体与艺术设计学院

Troy
Nicole
Lucio
Victiu

Glasses.

Investigate & Survey
调研与分析

▼ Desktop research
桌面调研

▼ Perceptual mapping
知觉地图

▶ 1. Parents choose games with safe materials more for their children.
家长会为自己的孩子挑选材料更安全的玩具。
2.Toys with complex rules and deep cognition would be more popular than other toys.
具有相对复杂规则、认知类型的玩具更受欢迎。

▼ Field Research
实地调研

▼ Summary
归纳总结

▶ 1.Children need to develop different abilities at different stages.
儿童需要在不同的年龄阶段培养不同的能力。
2.Parents will choose toys for their children to suit their developmental stages at different ages .
父母会为不同年龄的孩子选择适合他们成长阶段的玩具。

Preliminary plan
初步方案

▶ Inspiration
灵感

Gibigiana
(A game in Milan)
一种镜面照射游戏

▶ Sketch
草图

▶ Model I
模型（一代）

协办：Allocacoc 工业设计有限公司（荷兰）/ Allocacoc I DesignNest I 平台（荷兰）/ 杭州电子科技大学工业产品设计省级实验教学示范中心

01 课题描述 Project Overview
概念设计 Concept Design

Educational Children Games
2018 Allocacoc / DesignNest 国际创新设计营

主办：杭州电子科技大学　承办：杭州电子科技大学数字媒体与艺术设计学院

Mirror
Maze
——镜子迷宫

Glasses.

Model & 3D Model
模型和3D模型

▼ Model II
模型（二代）

▼ 3D Model
3D 模型

1 House(Be lighted) 2 Wolf(obstruct)
3 Tree(Mirror) 4 Little Red(light)
5 Land(pedestal)

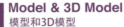

Storyboard
故事板

All roads lead to home
回家的路不止一条

协办：Allocacoc 工业设计有限公司（荷兰）/ Allocacoc I DesignNest I 平台（荷兰）/ 杭州电子科技大学工业产品设计省级实验教学示范中心

02 产品设计 Product Design
设计传达 Design Communication

图 3-15　镜子迷宫设计展板 / 何航、倪竹菡、郑光耀、吴政通

附录：大疆创新设计报告

随着电子产业、材料科学、控制技术、通信技术的发展，无人机经历了漫长的发展过程，终于迎来了产业发展的高速成长期。进入 21 世纪以来，无人机的研制投入和采购需求呈现爆发式增长。例如，20 世纪 90 年代美国无人机领域的投入合计只有 34 亿美元，但 2010 年这一数字就已经达到了 44 亿美元。当时，专业从事航空工业市场研究的 Teal 集团预测，未来 10 年全球无人机市场的容量将达到 890 亿美元。

物质文化日益丰富的今天，消费者更加注重专业型消费，这种社会消费观念的转变，为无人机企业带来了商机。想在众多无人机企业中独树一帜，这对大疆来说无疑是一个挑战。

深圳市大疆创新科技有限公司，于 2006 年由香港科技大学毕业生汪滔等人创立，是全球领先的无人飞行器控制系统及无人机解决方案的研发商和生产商，客户遍布全球 100 多个国家与地区。大疆致力于为无人机工业、行业用户以及专业航拍领域提供性能卓越、体验绝佳的革命性智能飞控产品和解决方案，并持续推进创新发展。

2015 年 12 月，大疆推出一款智能农业喷洒防治无人机——大疆 MG-1 农业植保机，正式进入农业无人机领域。这是一款能够防尘、防水、防腐蚀的工业级设计产品，配备了强劲的八轴动力系统，其载荷达到 10 千克的同时，推重比高达 1：2.2，每小时作业量可达 40 至 60 亩，作业效率是人工喷洒的 40 倍以上。MG-1 的药剂喷洒泵采用高精度智能控制，在自动作业模式下，可实现定速、定高飞行和定流量喷洒（图 3-16）。

截至 2016 年，大疆在全球已提交的专利申请超过 1500 件，获得专利授权 400 多件，涉及无人机结构设计、电路系统、飞行稳定系统、无线通信及控制系统等方面。大疆的领先技术和产品已被广泛应用于航拍、遥感测绘、森林防火、电力巡检、搜索及救援、影视广告等领域，同时也成为全球众多航模和航拍爱好者的首选。大疆结合多年积累和专业优势，不断开发创新技术，创造了众多卓越的产品和服务（图 3-17）。

1. 市场因素
（1）市场分析。
无人机发展至今已经有近 100 年的历史。长期以来，受到技术、政策等因素的限制，其发展速度比较缓慢且主要集中于军事领域。而最近几年，无人机，

图 3-16 大疆 MG-1 农业植保机

图 3-17 大疆无人机

尤其是民用无人机得到了前所未有的发展机遇。从民用无人机的用途来看，最为人所熟知的领域当属航拍和快递领域。实际上，民用无人机的用途远不止于此。其在农业植保、森林防火、电力巡检和海洋遥感等方面，都有广阔的用武之地。

从发展环境来看，无人机有政策、行业需求和行业竞争三方面的利好因素。第一，无人机受国家政策支持。美国联邦航空管理局正在逐步放宽企业使用无人机的限制，目前已经批准电商巨头亚马逊开展无人机快递测试服务。而在中国，2023 年 5 月 31 日，国务院、中央军委公布《无人驾驶航空器飞行管理暂行条例》，自 2024 年 1 月 1 日起施行，为无人机市场提供政策支撑。央视《新闻联播》十分关注大疆无人机。种种迹象表明，政策鼓励无人机发展。第二，民用无人机需求广泛，潜在市场规模巨大。民用无人机的增长态势与军用无人机相比有不同的表现。军用无人机投入的增加会受到军费支出的制约，而这对民用无人机来说是不存在的。第三，行业处于不完全竞争状态。亚马逊、顺丰等企业正在尝试用无人机取代快递配送，无人机在农业领域的应用也受到了广泛的关注。但是，目前无人机主要应用于消费级市场，在农业、消防等方面的探索还处于尝试阶段，还没有得到广泛应用，这对无人机行业来说是一个机会。

（2）可测量性。
无人机又被称为无人驾驶航空飞行器，依靠无线遥控技术和自备程序操控飞行，可分为军用、民用和消费级三类。其中，军用无人机造价高昂，应用场景相对专业、特殊，市场化潜力较小。随着经济水平的持续提升，芯片小型化与产品低成本化趋势日益显著，民用与消费级无人机市场正逐步拓展。我国无人机行业正处于高速发展阶段，有极大的发展潜力。

（3）可进入性。
了解"自拍无人机"这一舆论热点的发酵过程之后，不难理解其被早期市场定义为廉价、小型、可折叠、易收纳、短续航、优化自拍功能、无云台（数码防抖）、面向无相关操作经验的尝鲜用户等产品概念。

零度的 DOBBY 无人机可以说是在这些概念下已经做到极致的产品，也是高通无人机方案的示范产品。这是一种默认（未经验证的）市场规则已经生效、坐等市场走过萌芽期、吃爆发期红利的选择。这种选择存在一种侥幸心理，高通和零度在早于大疆定义市场的先发优势下，就算是大疆，又能在这个锚定框架下做出什么花样来呢？大疆的做法是，无视这个锚定框架，不仅打破了"自拍无人机"的定义，还顺带把自己过去一年定义的市场规则也打破了。

（4）可盈利性。
据淘宝统计的销售量数据可知，虽然瓜分消费级无人机市场的商家很多，但是大疆依然有很大的可盈利性。

（5）可区分性。
大疆凭借拥有自主知识产权的无人机技术，占据70%以上美国市场，拥有1500多名工程师的研发团队，掌握着数百项专利技术。除了位于中国深圳的总部，大疆正在海外设立研发机构。大疆具备强大的市场竞争力，在保证产品质量的同时确保了专业性，如高额投资多旋翼动力系统，其专业版整合了电调、电机和旋翼，可直接安装于飞行器机臂，省去了复杂的布线和安装过程；同时，它能有效保护飞行器内部结构，并使整体散热设计成为可能。大疆在树立品牌特色的同时，也打造了良好的品牌形象。

2. 目标市场战略及市场定位

（1）目标市场战略。
大疆起初名不见经传，通过团队的不懈努力，最终闯出一片天地。大疆采取的目标市场战略是无差异市场营销，即如可口可乐一样，在全球发行的无人机都是一个系列。无论在军用、民用还是消费级无人机领域，大疆都占有很大的份额。与其他无人机厂商相比，大疆大部分市场收入来自国外。2014年，美国、欧洲和亚洲这三个地区各占30%的市场份额，剩余10%则由拉美和非洲地区贡献。

（2）市场定位。
① 以往的定位。
专业性较强、小众，且定价过高。

② 定位的效果。
• 形成市场区隔的根本标准。
• 有利于树立品牌形象。
• 有利于塑造品牌个性。
• 有利于与消费者沟通。
• 有利于品牌的整合传播。
• 有利于企业占领市场和开发市场。

③ 对以往定位的评价。

同一系列的产品面向不同层次的市场，消费者只能按自己的需求选购。有必要开发出一种性价比高、受众广的产品，丰富产品线，确保主导产品的市场不会受到威胁；将无人机市场瞄准青少年目标群体，必然会事半功倍。无人机带来的新鲜感以及它所具备的专业度，对年轻消费者有着极大的吸引力。

设计课题和思考题

1. 设计一套天文望远镜。

设计要求：由 3～5 人组成一个小组，通过用户调研和资料搜集，确定设计定位。要考虑目标群体的需求，如小学生使用的天文望远镜在造型上应更接近玩具，安全性、科普性、耐摔和便于收纳是设计的重要因素；而大学生使用的天文望远镜应更注重专业性。

对设计课题展开调研，走访学校、家庭，采访教师、学生，并做好图片和文字记录；根据造型、材料和收纳等议题在网上搜索相关产品，制作风格板或收纳板，经过讨论确定造型风格、材料和收纳方式；各自画草图，并进行计算机三维建模，在不断讨论与调整中设计出一套造型风格、材料、色彩统一的普及型天文望远镜。

作业要求：提交草图、计算机三维模型、实物模型、设计版面（800mm×1800mm）、产品视频和 PPT（个人和小组）。

对每位小组成员的设计方案进行评估，选出一个最佳方案进行产品故事板呈现、情景描述；在充分讨论的基础上，进行深化设计；针对设计成果进行全班交流。

2. 选择下列一个物品进行产品概念的思考，至少提出 5 个产品概念（文字或草图），逐一评估后进行创意设计。

a. 无人机　b. 椅子　c. 手机　d. 眼镜　e. 单车　f. 盒子　g. 鞋子

3. 为失聪人士设计一款视觉闹钟。

4. 为盲人设计一款可以语音对话的闹钟。

第 4 章　构建原型

构建原型是产品开发过程中的一个重要阶段。原型和模型有什么区别？模型可以是外观模型或结构模型，前者用于检验和测试产品外形、色彩及材质；后者用于检验和测试产品结构。而原型是产品的"近似品"，是产品设计的完整表达。原型具有实体化、综合化的特性，可用于交流、集成和检验，具有"标志性成果"的性质。实体化原型适用于交流，综合化原型适用于集成和检验。本章以 CUE 团队的儿童教育玩具设计项目为案例。

4.1　组建团队

项目开发之初需要组建一个团队，由设计师、市场人员、工程师等组成。一个优秀的工作团队，其成员的专长应多元化，如多专业组合。由于个体之间存在差异，每个成员都能发现自身的比较优势，并找到展示个人专长的支撑点，共同创造互信合作的学习氛围。以小组为基本单位进行项目化学习是一种新的讨论型、研究型的学习方式。以 40 人的班级为例，可以 5 人左右为一组。每组经过讨论选出一名组长，设计出符合团队个性的形象，包括团队名称、理念、标志等，以便在汇报陈述中使用（图 4-1）。

CUE 团队理念："cue"是网络流行语，意指在综艺节目中提示对方接话、进行表演交接转换。我们希望拥有这样的能力来推动创意设计。团队成员既是朋友，也是队友。对于创意，我们推崇天马行空，希望能借助各自的闪光点，碰撞出令人惊喜的火花；对于过程，我们注重以严谨的逻辑、缜密的思考过程来完善方案、解决问题。

图 4-1　团队形象设计 / 乐可欣、徐雅静、颜嘉慧、杨柳

建立一个优秀的工作团队是完成设计项目的重要因素，可以最大限度地激发团队成员的潜能。优秀团队的关键是成员之间相互支持的态度。在这种相互支持下，团队士气会更加高涨，专业精神可以得到更好的发挥。组建团队的具体要求如下。

① 明确角色。作为一个团队，必须构建清晰明确的领导层级结构，并在项目启动之初，就确保团队全体成员达成共识。团队领导者的核心职责，在于保证项目工作列表里的每一项任务都能被所有成员理解并贯彻执行。

② 达成一致目标。全体成员要认同团队的共同目标。这种共识并不像想象中的那样容易实现，每个成员可能有各自习惯的工作方法和思考问题的方式。项目一开始，就要确定一个现实的目标，项目展开后，如果发生意外，可以及时调整目标。

③ 制定流程。团队要制定一个工作流程，并遵循这个流程，包括用户调研、文档编制、原型构建、版面设计和视频制作等。应加强产品经理、工程师和用户之间的沟通，这样可以减少项目过程中产生的误解。

④ 定义角色。每个成员都要承担项目中的某个任务，这在项目启动之前就要确定好。各个角色不能相互排斥。在设计问题的各个方面时，应确保每个任务在至少一个人的管辖范围内。只有这样，才不会出现任务被遗忘的情况。

⑤ 建立良好的人际关系。学会与团队中的每个人合作，即使对方是自己不喜欢的人。在实际工作中，用户不会关心工作背后所发生的任何冲突。设计工程的专业性要求人们忽视个体冲突，专注手头上的工作，做到友善、专业、文明。禁止互相攻击或将自己的失误归咎于他人。

组织结构图可以作为工作团队的分工管理工具，它明确了各项工作的责任人，说明了团队的分层结构和工作报告结构。在企业中，管理人员和员工的组织结构更为复杂，而组织结构图明确了管理人员和员工之间的权力与责任链。图 4-2 是 CUE 团队的组织结构图，可以作为学生设计项目的参考。

工作坊导师是设计公司主管 Arthur Limpens，乐可欣同学担任组长，负责项目的统筹工作，徐雅静同学负责文档编制和创意设计，颜嘉慧同学负责计算机建模和三维设计，杨柳同学负责版面设计和视频制作。为了确保项目成功，各成员在导师的指导下，必须齐心协力进行协同设计（图 4-3）。

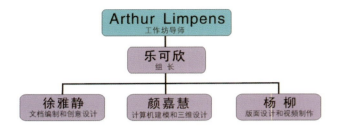

图 4-2   CUE 团队的组织结构图

图 4-3   团队成员在导师的指导下协同设计

4.2   设计流程、用户需求与主题描述

4.2.1   设计流程

产品的设计流程是指研发团队用于构思、设计产品所遵循的步骤。一个流程就是一系列步骤，把一系列投入转化为一系列产出。不同的产品设计会采用不同的设计流程。产品的设计流程十分重要，其原因有五个方面。

① 质量。若要确保设计流程中的每个步骤都是正确的，那么遵循设计流程便是保证产品设计质量的重要方式。

② 协调。一个清晰的设计流程能起到协调团队的作用，保证团队成员之间进行有效的信息交流和传递。

③ 计划。设计流程中的时间节点确保产品设计计划在规定时间内完成。

④ 标准。设计流程是评估开发工作效果的标准。

⑤ 提升。将各个阶段的成果整理归档，有助于提升设计质量。

具体设计流程见表 4-1。

表 4-1　具体设计流程

设计流程	阐述步骤
提出问题	识别用户需求，提出问题 确认设计的限制因素（如材料） 结合所学的相关知识（如科学知识）
定义问题	小组讨论设计理念 确认设计目标及细则 主题描述
概念开发	生成设计概念（文字和图形概念） 画出设计概念图并标注细节 确定所需材料、成本和加工条件
原型设计	构建产品原型 测试产品原型
原型验证	分析测试效果 测试、迭代，再构建、再测试

4.2.2　用户需求

用户需求指的是在特定时间段与既定价格条件下，用户对某产品或服务既有购买意愿，又具备购买能力的量化表现。面对众多产品，用户可能不知道自己要什么，即便知道，也许说不出来。比如，某位女士被问到需要什么样的化妆品时，她可能答不上来。其实她需要的是能改善肤质、美白、让自己变得年轻漂亮的产品。所以说，用户需求是隐性的。图 4-4 为实地调研及儿童心理分析。

通过调研获取的用户需求资料不一定都是准确的，需要经过筛选以区分真实需求和伪需求，可以运用"蔚蓝圈法则"进行分析（图 4-5）。该法则用三个同心圆来表现用户的反馈、行为和真正需求。

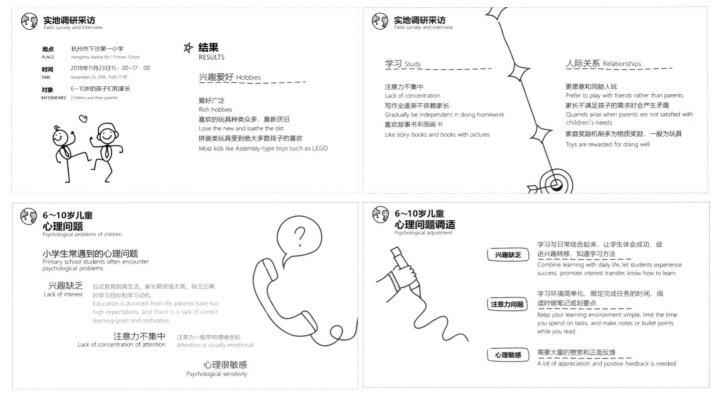

图 4-4 实地调研及儿童心理分析

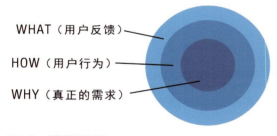

图 4-5 "蔚蓝圈法则"

① 用户的需求是什么？即通过问卷调查、用户反馈所收集到的信息。

② 用户表现出来的需求是怎样的？即用户在使用产品、选择产品时产生的动作和结果，可以对用户需求进行行动表达上的证伪。

③ 用户需求产生的原因是什么？即用户为什么要使用此产品，而不使用其他产品，从而得到用户真正的需求。

从这三个层面进行分析，有助于打破现象，看到本质，从而更好地发现和验证用户需求，最终分析出用户真正的消费动机。

4.2.3　主题描述

主题描述是一种观念先行的设想。其与产品的材料、色彩、工艺、市场等因素的关系并不密切，设计最终能否实现也不是其首要考虑的问题。只要描述的设计概念能够成立，就可以采用相应的手段来表现。例如，在玩具设计中引入"模块化"的设计概念，并对玩具的功能、空间、玩法等进行分析后提出概念，产生"视觉判断""手动探索"等多种形式的玩法组合。在这个过程中，不必考虑产品的材料、色彩、工艺，甚至市场因素，而是运用多种手段演绎设计概念，从而对"思考—动手"过程中的功能变化、空间分割、玩法设计所产生的效果进行层层深入的研究。图 4-6 为主题描述，图 4-7 为玩法设计。

图 4-6　主题描述

图 4-7　玩法设计

4.3　原型化技术

原型是指对某个产品进行模拟的原始模型，它可以将概念产生的最佳创意转变成可供测试、优化和改进的实际产品或服务（图 4-8）。原型构建的过程有助于发现那些未曾预见的挑战以及意料之外的情况。

原型化技术是一种涉及多学科的新型综合制造技术。由于计算机辅助设计的应用，产品设计能力得到极大提高。在产品设计完成后，批量生产前，需构建原型以表达设计构想，快速获取产品设计的反馈信息，并对产品设计的可行性作出评估和论证。为了提升产品市场竞争力，从产品开发到批量生产的整个过程都需要降低成本并提高速度。原型化技术的出现，提供了解决这一问题的有效途径。

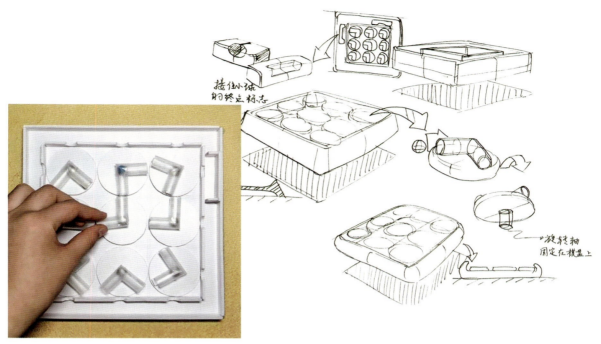

图 4-8　设计草图和原始模型

原型化技术的基本特征如下。

① 快速。构建原型需依赖方便快捷的原型构建工具。

② 迭代。这里的迭代是指重复操作直至获得明确且详细的结果的过程。

③ 过程。不要求在设计之初就完全掌握产品的全部需求。

传统原型化技术包括构建油泥模型、石膏模型、泡沫塑料模型、木模、纸模等。现代快速原型化技术包括计算机建模和 3D 打印。

① 计算机建模。计算机建模可以显示产品三维模型、自动计算实体属性（如重量、体积）、把一个规范的设计描述图生成具体的图（如截面图），还可以检测各部件之间的几何空间的冲突，并分析运动学或受力状态等方面的测试结果（图 4-9）。

② 3D 打印。3D 打印的成型材料有塑料、石蜡、纸、陶瓷和金属。3D 打印出的原型可以直接用于工作原型，甚至作为制造产品模具的样品（图 4-10）。

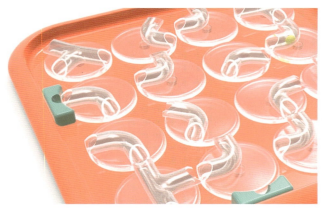

图 4-9　计算机建模

图 4-10　3D 打印

原型构建的原则如下。

① 快速原则。设计初期，快速制作多个原型，可以尽可能多地找出问题，有助于后期深入研究。

② 迭代原则。没有迭代就不会产生有序的复杂性。实际上，迭代是通过简单结构的逐步积累形成更为精致的结构的过程。

③ 焦点原则。构建原型要有的放矢，每个原型必须切实解决用户所关注的焦点问题。例如构建儿童玩具原型，其产品尺度、人与产品的交互等因素就是目标用户定位的焦点问题。

④ 有限性原则。基于不同的产品因素，需构建不同类型的原型，不能指望在构建一个原型的过程中解决所有问题。

4.4 原型验证

原型验证可用于验证、定义、构想和交付等多个阶段。通过原型验证，设计团队可以快速检验设计概念的可实现性，并探索不同的解决方案，使不同的设计概念更接近生活的真实情况。原型可作为一种交流工具在协同设计中起到呈现、说服和启发灵感的作用。随着设计的推进，原型能帮助设计团队系统地分析问题，细化改进方案，并发现人与产品交互、人使用产品过程中的合理方法。原型验证、评估、展示与交流的介绍如下。

① 验证。原型化是一个不断迭代的设计循环过程，每一次迭代都是积累原型知识的新起点。在这个过程中，需要对原型的各个方面，包括对象、应用程序细节等进行检测与优化，在功能实现、用户体验、技术可行性、成本效益等多个维度之间找到最佳平衡点。

② 评估。在真实的场景中进行原型测试，观察用户对产品设计概念的感受，评估其可行性（图 4-11）。

③ 展示与交流。对产品的生态系统、使用价值和用户体验进行可视化展示与交流（图 4-12）。

可用性测试是原型验证的重要环节，是一种开发团队观察用户体验过程的评估方法。这种方法可以帮助开发团队发现产品在哪些方面会使用户感到困惑，并根据问题的严重性进行逐一修改，在产品正式推出之前再次进行测试。儿童教育玩具的可用性包含可玩性，设计团队中的每个成员都要重点关注并明确可用性测试的任务和情景——任务要明确具体，以反映目标用户的真实目的；情景是为任务设置的背景，提供完成任务所需的信息。

图 4-11 原型测试

【儿童教育玩具设计
演示视频】

图 4-12　产品概念的设计版面 / 乐可欣、徐雅静、颜嘉慧、杨柳

图4-13是儿童教育玩具产品原型、展板。展板一般布置于产品发布会、设计成果展示会、学术研讨会等场合，将项目研究目标、过程、方法及成果以简洁的、图文并茂的形式进行展示。展板应快速高效地传递产品信息，以便让投资者、企业和用户能在短时间内了解项目的设计成果。

图4-13 儿童教育玩具产品原型、展板

附录：美国院校面向未来的积极行动

在不断发展和向可持续转型的过程中，复杂性不可避免地蔓延到更为庞大的系统中。社会系统、技术系统和自然生态系统作为最主要的巨系统，其包含的众多子系统之间动态地相互影响。因此，这三大系统深深地交织在一起，其产生的更大的复杂性成为设计者最大的挑战。单一系统的解决方案不再适用，系统性设计思维要求对所有系统及其子系统进行综合思考。

1. 卡内基梅隆大学：转型设计

可持续生活方式是人们针对 21 世纪面临的种种问题而采取的积极的应对方式。它能发挥个体积极行动的力量，促使环境条件得到改善。设计能推动社会创新，支持人们在生活中践行可持续生活方式，甚至能促进系统的组织结构产生变化。当前，复杂性已成为全球化时代社会的重要特征，主要体现在多方面因素相互交织所产生的不确定性与多种框架之中。设计在促进社会向更加可持续方向转型的发展中起着重要的作用。2015 年，卡内基梅隆大学设计学院（图 4-14）提出了"转型设计"（Transition Design）的概念，即通过设计研究与实践驱动社会向可持续的未来转型。

图 4-14　卡内基梅隆大学设计学院

转型设计实际上是为了应对复杂的趋势状态，有计划地催生新的创新成果和解决方案。其应对的内容包括社会技术的管理方式转型、城市网络的转型、"大转型计划"（The Great Transition Initiative）、复杂系统的转型等。尽管转型设计应对的都是设计中的"大问题"，但却基于设计联动各个相关利益者产生协同效应，通过渐进式设计行为使系统结构优化，这一思路与服务设计和社会创新相似，是对这两者的深化与补充。不同的是，转型设计更强调叙述和愿景，更需要和跨学科团队（包括本土组织等）合作并落实创新的实际解决方案；在流程上，转型设计更看重迭代，认为设计只有经历过多次迭代后，塑造的系统才足够坚韧。

由于转型设计的强迭代性特征，设计框架中各要素之间的关系更加紧密。在转型设计中，一般的设计框架四要素是愿景、知识、行动和反思。设计行动起源于转型的愿景，愿景所产生的动力促使人们应用新的理论方法（知识）、采用新的设计实践（行动），并以开放的心态和姿态（反思）去应用理论、开展实践，进而进行多次反复迭代。

2. 伊利诺伊理工大学：系统性设计思维

伊利诺伊理工大学（Illinois Institute of Technology，IIT）是在复杂性时代探索系统设计的先驱。IIT 设计学院的教学致力于提高学生的社会建设能力，培养能够为当今社会最紧迫的问题提供创新性解决方案的人才，追求"技术进步带来的对社会责任的认可"。它在人性化设计和基于系统设计方面的研究一直处于前沿地位，并将其理念作为学院的核心设计原则。

① 人性化设计。人性化设计面向未来，旨在通过有温度的设计激发设计活力，并且超越同理心，转向人类倡导，致力于运用新兴技术提供更公正、公平和合理的解决方案。

② 基于系统的设计。系统性设计思维是应对复杂性的关键。通过了解系统，能够设计出具有巨大潜力且能真正推动变革的干预措施。系统设计将利益相关者聚集在一起，共同构建解决方案，最大限度地发挥集体能力并创造价值。

③ 超越性设计思维。当今设计师必须具备领导力，对设计概念和干预措施进行规划、决策和实施。

IIT 设计学院的核心设计原则促使其设计教育开始转向关注更多具有社会影响力的方面，其设计研究已经超出了设计范畴，开始在复杂的多系统中探索更具价值意义的服务、策略和干预措施。

IIT 设计学院设置了以系统性设计思维培养为核心，并在一定程度上超越设计范畴的课程。以设计硕士（MDes）课程为例，其教学任务是引导学生通过严谨、深入的系统性设计思维方式，来应对日益动态化和复杂化的挑战。学生需从多个维度培养设计洞察力，通过原型构建和协调参与式设计，确定具有广泛价值和支持弹性变革的设计方向。MDes 课程大致分为以下 3 个学习模块。

① 入门模块。入门模块主要教授基础课程，帮助学生弥补他们在进入学校时在理论和实践方面的不足，还可以使学生深入学习设计领域相关的哲学和文化。

② 核心模块。核心模块重点培养学生应对复杂挑战的能力，以及系统设计能力，包括洞察力发展、人类倡导、原型构建、评估与反思、领导与协调。

③ 集中模块。集中模块侧重于培养学生在特定设计实践中的应用技能，如设计研究与洞察力、产品服务交付、创新策略和产品管理。

通过学习 MDes 课程，学生可以利用设计理论和思维方法帮助政府、企业、社会组织和非营利性部门等组织应对在复杂性时代所面临的挑战与机遇。与此同时，学生还将掌握适用于在各类组织部门开展工作的创新设计能力，提升自身的综合素养与实践水平，从而在未来的职业发展中更具竞争力，为不同领域的创新发展贡献力量。具体而言，就是面对动态且复杂的挑战建立共识，融合多种方法并采取一系列干预措施进行组织结构的转型，从而在跨学科协作中发挥领导作用，激发创造力，推动有意义的变革。

设计课题和思考题

1. 为儿童设计一个玩具。
设计要求： 5 个人组成一个开发团队，经过讨论确定团队名称、理念，设计团队形象、标志；通过资料和市场调研，确定设计目标，生成设计概念（文字和草图）；进行计算机建模、原型构建、测试；生成设计报告。
作业要求： 提交草图、计算机模型、产品模型、设计版面、产品视频和 PPT（个人和小组）。
2. 开发一款能教会儿童计数的玩具。
3. 开发一款可以依据用户身体尺寸定制服装的系统。
4. 探寻利用机器人真空吸尘器打扫地板的最佳方式。
5. 开发一套让用户自己选择个性化章节以实现按需编写电子书的系统。
6. 探寻清扫城市街道耗时最少的最优路线。
7. 确定可使燃油效率最大化的最佳行驶速度。
8. 探寻一种计算手机电池生命周期的方法。

第 5 章　项目工程

党的二十大报告中提出的"加强科技基础能力建设"，是在我国科技创新发展新阶段，立足当前、面向长远的一项重大任务部署。工程是在特定的理念之下，根据功能和要求进行巧妙构思，组合优化自然、技术、人文、社会和环境等各种功能要素，形成的结构化、功能化、效率化的系统。而项目具有明确的功能和时间限制。因此，从某种意义上来说，项目是真实的、有意义的，能与多学科深度融合，并在实施过程中支持多主体互动。本章以机构教具项目为案例。

5.1　项目管理

项目管理是指在特定的时间范围内，以确定的目标为导向，运用专业知识、技术、技能和工具，通过规划、组织和控制等一系列活动，实现项目目标的过程。项目管理包含明确目标、任务分解、设计程序、制订项目计划、制定时间表、实施项目过程管理、记录设计日志、制定成果目标和验收标准等内容。尤其重要的是，需要与相关方进行良好的沟通和协调，以确保项目的成功交付。

5.1.1　明确目标

明确目标是项目成功的关键之一。项目目标包括质量目标、进度目标、成本目标、绩效目标，以及评估指标和验收标准，如产品性能测试标准、客户满意度调查指标、市场占有率等。

具体而言，明确目标需要考虑项目背景，包括项目的市场需求、社会意义、经济效益等方面；了解项目动机，为目标的制定提供依据；确定项目的限制因素和约束条件，如时间、资源、技术实现难度、法律法规要求等；定期监测和评估项目目标，并及时调整优化项目计划和执行方案；监控项目的进展和结果，以确保能够实现项目目标，达到预期效果。以机构教具项目为例，介绍如下。

项目背景：世界政治经济贸易的变化促进了国内教育改革，小学、中学和大学的教学应重视工程教育（STEM——科学、技术、工程、数学），以提升学生的工程意识和能力。机构在工程和产品设计中占有重要地位，也是工程教学的重要内容。本课题的设计主题是分别为小学、中学和大学设计一套常用的机构教具。

项目要求：以5～8人的小组为单位，通过资料搜集和实验室调研明确目标。如小学的机构教具在造型上更接近玩具，让学生在玩中理解机构原理，其安全性、耐摔性、便于收纳等是设计的重要因素；中学的机构教具侧重原理展示，帮助学生理解课本中的各种科学知识；而大学的机构教具更注重专业性，以及其在实验室的陈列方式等，要注意整体风格和材料的统一。原则上，每人设计制作一个原型，全组的原型风格必须统一。机构类型如图5-1。

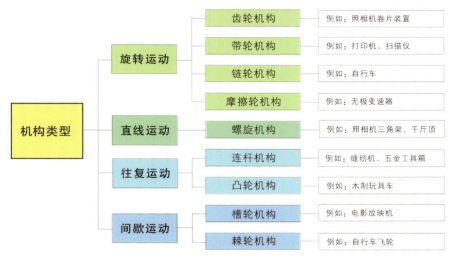

图 5-1　机构类型

5.1.2　任务分解

任务分解是指将整个项目分解成具体可行的子任务，以便更好地进行管理和控制，是项目管理的重要环节。任务分解的步骤如下。

① 确定项目的总体目标和工作范围，将项目拆分成若干个具体的工作包或任务单元，如硬件开发、软件开发、用户界面设计、测试验收等。

② 对各个工作包或任务单元进行进一步分解，将其拆分成更小的任务单元或子任务。例如，在智能产品开发工作中，可以把软件开发任务拆分成需求分析、功能设计、编码实现等子任务。

③ 确定各个任务单元或子任务的具体要求和成果目标，制订可行的计划，并确定任务完成标准和验收标准。例如，在编码实现子任务的过程中，制定具体的编码、开发环境和工具、代码版本管理等要求和规范。

④ 确定各个任务单元或子任务的资源需求并进行相应分配，包括人力、物力、时间、预算等方面。根据任务的要求和优先级，进行资源的合理分配和控制。例如，在用户界面设计这个子任务中，分配专门的设计师和工具，并根据时间节点和任务完成标准进行合理安排和控制。

任务分解有助于更好地管理和控制项目的进展，确保项目顺利完成。该环节需确定任务单元之间的依赖关系和协作关系，并进行整体规划和协调。例如，在硬件开发和软件开发之间，可能会存在互相依赖和相互影响的情况，这时就需要进行整体规划和协调，以确保整个项目能够按照计划顺利完成。

任务分解的常用工具是工作分解结构（Work Breakdown Structure，WBS），它是将项目的工作任务按照层次结构进行逐步拆分并组织的一种方法。WBS 将工作分解成可管理和控制的任务单元，帮助项目团队理解和规划项目的工作范围。它通常以树状结构呈现，从项目的总体目标开始，逐级拆分为具体、可管理的工作包和子任务。每个级别的任务都明确定义了其所包含的工作内容和交付物（图 5-2）。

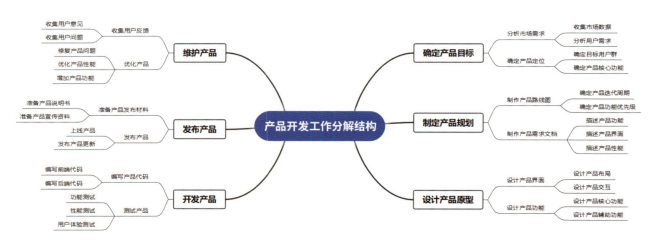

图 5-2　工作分解结构图

5.1.3　设计程序

设计程序是将产品由概念转化为最终实际产品的一系列步骤和活动，包括设计探索、设计实践、产品发布（图 5-3）。设计团队通过市场调研和用户研究确定产品概念和目标，然后进行初步设

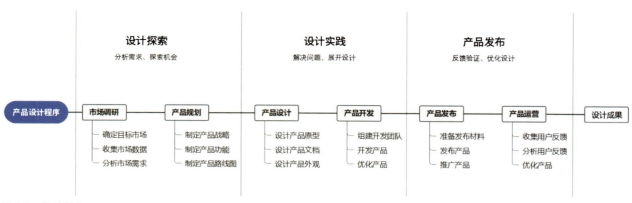

图 5-3　设计程序

计和详细设计，再制造和生产产品，并对产品进行测试和验证，以确保达到质量要求，最终将产品上市并进行不断迭代改进。设计团队需要与其他人员合作，如工程师和市场营销人员，以确保产品的成功开发和推广。

5.1.4　制订项目计划

制订项目计划是指根据产品设计的目标和任务，明确产品设计的各个阶段和工作内容，以便更好地进行管理和控制，确保产品能够按时交付（图 5-4）。制订项目计划的内容如下。

① 确定产品设计项目的工作分解结构，将项目拆分成若干个可管理的子任务，明确每个任务的成果和交付物。例如，将智能手表的产品设计项目拆分成需求分析、外观设计、结构设计、工程开发、测试验收等任务，并明确各任务的成果和交付物。

② 确定产品设计项目的资源计划，并根据任务的需求，确定产品设计所需的人力、物力、时间和预算等资源，进行合理分配和控制。例如，确定各任务所需的人员和专业技能、物资和设备的购置和使用情况、时间和预算的分配和控制等。

③ 制订产品设计项目的沟通计划，明确项目各方之间的沟通方式和频率，以便更好地协调和控制项目进展。例如，定期召开会议，汇报进展情况，保证项目顺利进行以及各方顺畅合作。

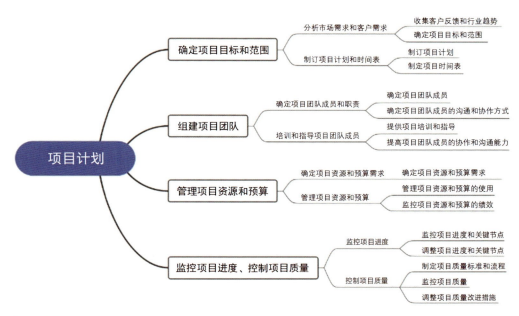

图 5-4　项目计划

5.1.5 制定时间表

制定时间表是项目管理的重要步骤，用于明确项目各个阶段和任务的时间节点和工期，以便进行进度跟踪和管理。在制定时间表时，需考虑各种因素，如任务的复杂程度、技术难度、人力资源和物资供应等。同时，需对项目进展情况进行实时跟踪和管理，及时调整时间计划，确保项目能够按时完成。时间表有如下两种形式。

① 项目设计时间表。确定项目的时间范围，包括项目的开始时间和结束时间，以及各个阶段和任务的时间节点。表 5-1 是机构教具项目设计时间表。

表 5-1　机构教具项目设计时间表

时间	阶段	任务内容
11-03—11-05	设计课题	课题发布、组建团队
11-05—11-15	设计调研	需求调研、文献搜索、头脑风暴、概念开发、小组汇报
11-11—11-28	设计构思	构思设计、绘制草图
11-18—12-02	设计方案	方案修改、方案优化、材料研究、成型技术
12-02—12-15	原型测试	设计定稿、原型制作、原型测试、系统仿真
12-15—12-23	项目发布	产品收纳、设计报告、版面展示、项目发布

② 项目时间计划表，也称甘特图（Gantt Chart）。横轴为时间，可以天、周或月为单位；纵轴为任务，显示要完成的任务（表 5-2）。项目时间计划表体现了关键路径、任务和时间的关系，还显示了多个并行任务的分配时间，其中的重叠时间段反映了项目各个任务之间的相互依赖性。

表 5-2　项目时间计划表

任务内容	时间														
	11-03	11-05	11-07	11-11	11-15	11-18	11-28	11-30	12-02	12-06	12-09	12-12	12-15	12-18	12-20	12-23
课题发布、组建团队	■	■													
需求调研、文献搜索		■	■												
头脑风暴、概念开发			■	■											
小组汇报					■										
构思设计、绘制草图				■	■	■									
方案修改、方案优化						■	■								
材料研究、成型技术								■	■						
设计定稿、原型制作									■	■					
原型测试、系统仿真											■	■			
产品收纳、设计报告													■		
版面展示、项目发布														■	■

5.1.6　实施项目过程管理

项目过程管理是指对项目的各个过程进行规划、监控，以确保项目顺利开展并达成预期目标。首先开展规划工作，包括项目范围管理、时间管理、成本管理、风险管理和质量管理等，确保项目在各个层面上得到有效控制和协调。其次开展管理工作，包括制订项目启动计划，明确项目的目标和指标，并进行项目团队组建、资源配置，以及项目立项和审批等工作。

5.1.7　记录设计日志

设计日志是对设计师和工程师在设计过程中产生的所有想法、创新方案、计算和测试结果的记录。设计开发团队中的每个成员对应各自的设计任务，项目完成后，组合每个成员的设计日志就形成了项目活动的完整记录。无论是设计公司还是制造企业，设计日志都是其产品开发管理的重要档案，记录了产品开发过程中的创新理念和工程研究成果。完整的设计日志还可以作为发明权的证据，它记录了新产品概念形成的过程和具体时间。因此，设计日志不仅是一个简单的项目设计过程的记录，还是一个具有价值的知识产权文本。

新产品的开发是一个不断迭代的过程，设计是一个过程而不是最终的结果。产品开发过程中的每一个想法都有助于设计师和工程师进行反思和创造。设计日志的内容包括最初的产品概念、草图、效果图、思维导图、团队沟通记录、头脑风暴的情况，以及计算、实验、测试情况和流程图、概念图、电路图等（图 5-5～图 5-7）。设计日志需记录所解决的问题以及所做的各种测试，避免主观判断测试结果，应陈述事实。

学校的设计课程作业不仅要求有效果图和模型，还要有设计报告。设计报告是从概念到结果的过程记录文本，目的是要求学生重视每个设计过程的训练。它与设计日志有很多相同的功能，也略有差异。设计报告的详细内容在第 6 章予以介绍。

设计日志对设计公司来说还是一份重要的商业机密文件。因此，在涉及知识产权事宜时，每次会议的总结页面应注明日期并签字，其作用是消除关于发明人姓名、发明日期和信息泄露等方面的所有歧义。

设计图和设计文档的保密在设计领域非常重要。保密措施包括签署保密协议，规定合作中需保密的信息和保密期限；限制访问权限，通过密码保护和加密确保只有授权人员能够访问；在必要时，寻求法律专业人士的建议，确保保密措施符合法律法规要求。这些措施不仅加强了信息安全，也维护了公司的竞争优势和创新成果。

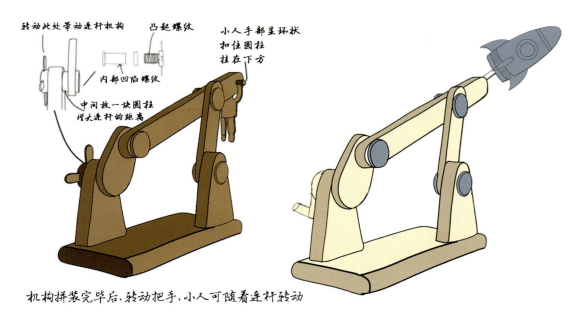

转动此处带动连杆机构　凸起螺纹　小人手部呈环状
扣住圆柱
挂在下方

内部凹陷螺纹

中间放一块圆柱
增大连杆的距离

机构拼装完毕后,转动把手,小人可随着连杆转动

图5-5　设计草图 / 徐凡

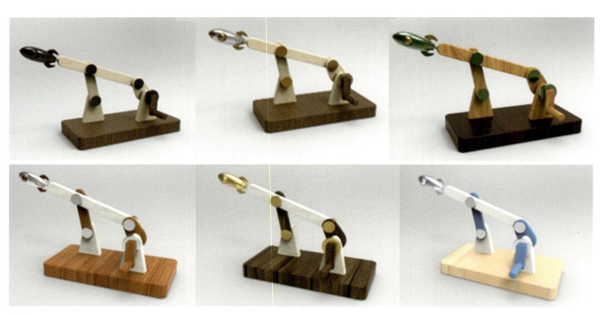

图5-6　色彩、材料、工艺 (CMF) 设计 / 赵凡

连杆机构

中学生机构教具设计

LINKAGES

本产品是一款为中学生设计的连杆机构教具，采用轻便的木头材质，以蓝白为主色调，安静、清新、赏心悦目。产品为可拆卸教具，学生可随意拆卸使用，并在拼装的过程中理解机构的运作规律。产品零部件圆润简约，增添一份舒适感与亲切感。同时，在教具上增添火箭的小设计，寓教于乐，为机构增添了趣味。

产品展示

150mm

20mm

90mm　　180mm

细节展示

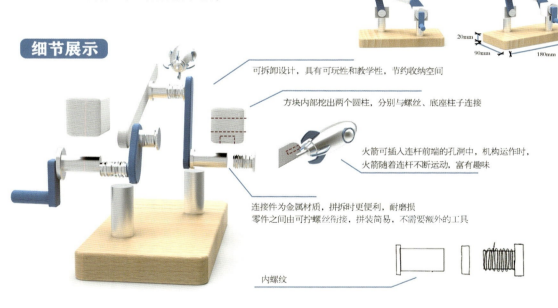

可拆卸设计，具有可玩性和教学性，节约收纳空间

方块内部挖出两个圆柱，分别与螺丝、底座柱子连接

火箭可插入连杆前端的孔洞中，机构运作时，火箭随着连杆不断运动，富有趣味

连接件为金属材质，拼拆时更便利，耐磨损
零件之间由可拧螺丝衔接，拼装简易，不需要额外的工具

内螺纹

图 5-7　设计版面／赵凡

5.1.8 制定成果目标和验收标准

制定成果目标和验收标准是指对项目的成果目标和验收标准进行明确且具体的定义，以便进行有效的评估和验收。具体流程如下。

① 应根据项目需求和目标，明确项目的主要目标，包括质量、进度、成本等方面的目标。

② 对已确定的项目目标进行量化和具体化处理，制定可衡量和可评估的指标和目标值，以便进行有效的评估和监控工作。同时，根据项目目标和项目需求，制定相应的验收标准和要求，包括产品或服务的质量、性能、功能等方面的标准和要求。在确定验收标准和要求后，需确定相应的验收方法和流程，包括验收时间、验收人员等方面。

③ 对已完成的项目成果进行验收评估。编制相应的验收报告和评估结果，以便对项目进行总结和评估。

机构教具的成果目标具有直观性、实践性、研究性和典型性（图5-8）。可量化的目标包括市场需求、技术性、安全性等方面的指标和目标值。验收标准包括程序测试、用户界面设计等方面的标准。通过制定可量化的成果目标和验收标准，可以确保项目成果符合要求和预期目标，并提升项目的质量和效率。表5-3为项目设计评审表。

直观性——直观性能促使学生的**具体感知与抽象思维相结合**，提高学生的**学习兴趣和积极性**

实践性——实物媒介大多是**可以触摸、使用**的，这在培养学生实践技能方面有着特殊的意义

研究性——如小孩拆装玩具，中学生解剖动物，都是在从事研究

典型性——能有效地形成**清晰的表象**，让学生从展示的现象中认识事物的本质

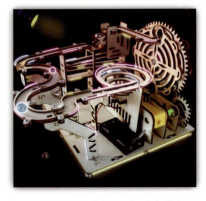

图5-8 机构教具的成果目标 / 朱蕙宁

表 5-3　项目设计评审表

类型	评估项目
定义	是否有明确的市场需求或用户需求
	是否存在关键的技术问题
	是否存在资源方面的问题
	项目投资回报期是否超过两年
概念	产品概念设计是否适应市场需求
	产品是否存在潜在的知识产权问题
	是否存在与竞品同质化的问题
	产品是否面临重大风险
设计	是否需要重大投资
	供应链是否存在重大风险
	产品原型是否已完成
	用户是否认可产品设计
	产品批量生产是否存在技术壁垒

5.2　设计调研

在项目启动阶段，应对项目需求和目标进行详细的调研和分析，以便更好地了解项目的背景、需求和问题，并为项目的规划和设计提供有价值的信息和指导。

5.2.1　调研内容

① 用户研究。调查和分析用户的需求和偏好，包括用户的行为、期望等方面。

② 竞品分析。对已有的类似产品或服务进行分析和比较，了解竞争对手的优势和劣势，以便更好地了解市场需求和竞争环境。

③ 需求分析。对产品的功能和特点进行分析和研究，了解项目的需求和目标，包括技术需求、用户需求和市场需求等方面。需求维度分析如图 5-9。

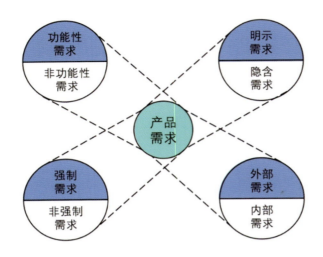

图 5-9　需求维度分析

④ 调研外观设计和造型风格。根据项目需求和目标，调研产品的外观设计和造型风格，包括颜色、材质、形状和比例等方面的设计。

⑤ 调研功能和收纳方式。调研产品的功能和收纳方式，包括产品的结构、布局和配置等方面的设计。

⑥ 调研报告。将调研结果进行整理和总结，编制相应的调研报告并提出建议，以便为项目的规划和设计提供参考和指导。

在机构教具项目中，调研内容包括用户研究、了解教学需求、分析市场上已有的机构教具等。通过调研，可以更好地了解项目的需求和问题，为产品的规划和设计提供有价值的信息和指导，从而确定产品的功能和性能要求、外观设计和造型风格，以及收纳、使用方式等方面的设计。

5.2.2　用户研究

用户研究是指收集和分析用户的需求、行为、态度和痛点，以便在设计和优化产品或服务时更好地了解目标用户，提供更好的用户体验和更具吸引力且可行的解决方案（图 5-10）。其主要目的是提升产品或服务的质量和用户的满意度，其内容包括了解用户的需求、期望、兴趣、动机和挑战。可以采用多种方法收集用户数据，常用的方法如下。

① 调查问卷。采用在线问卷或纸质问卷的形式向用户提问，收集其意见和反馈。

② 访谈。与用户进行一对一访谈或小组访谈，以深入了解其想法和经验。

③ 观察和实地研究。对用户在现实生活中如何使用产品或服务进行观察和实地研究，了解其行为和习惯。

④ 卡片分类。引导用户对一系列概念或功能进行分类，以了解其心智模型和组织方式。

⑤ 用户画像。用户画像即对目标用户群体的详细描述，通常包括用户的基本信息（如年龄、性别、职业等）、需求、兴趣、行为特征和偏好。通过创建用户画像，设计团队可以更好地了解用户，并根据用户需求设计和优化产品（图 5-11）。

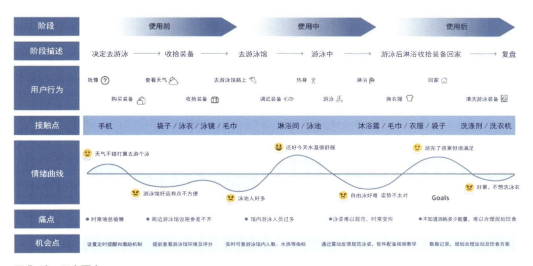

图 5-10　用户研究

图 5-11　用户画像

⑥ 用户旅程图。用户旅程图是一种可视化工具，用于描述用户与产品或服务互动的整个过程。它可以帮助团队发现用户在使用过程中遇到的问题和痛点，以及在哪些环节可以提升用户体验。

⑦ 分析和报告。在收集和整理用户研究数据后，需分析这些数据，找出关键发现和发展趋势。分析结果通常以报告的形式呈现，包括数据、关键发现、建议以及产品或服务的改进方案。

用户研究在产品开发和优化过程中能起到关键作用，它有助于使产品或服务达到用户的需求和期望，从而提升用户满意度和忠诚度。

5.2.3　造型风格板

造型风格板是一种通过图像、色彩、文字、材质等元素，表现设计灵感、理念和风格的视觉化工具。在产品设计中，造型风格板可以用来展示产品的设计方向和风格，以便让设计师、开发人员和用户更好地了解和沟通设计意图。制作造型风格板的流程如下。

① 收集与设计主题和风格相关的素材，包括图像、色彩、文字、材质等，可通过网络、杂志、书籍等途径进行收集。

② 将收集到的素材进行整理和分类，选择符合设计主题和风格的素材，再把选择好的素材组合在一起，制作成视觉化的造型风格板。可以采用手工制作或利用设计软件制作的方法。

③ 完成制作后，根据设计师、开发人员和用户的反馈和建议，对造型风格板进行评估和调整，以便更好地表达设计意图和设计方向。

在制作机构教具的造型风格板时，可以选择与智能、科技、安全相关的素材，包括图像、色彩、文字和材质等。可以选择现代感和科技感较强的图像素材、配色方案、简洁且呈流线型的形状和材质。通过制作造型风格板，可以更好地表达设计意图和设计方向，为产品的设计和开发提供参考和指导（图 5-12）。

圆 润
用最少的元素来展示产品的全部功能。圆润感体现出一种将复杂变成简单，与周围的环境和谐的柔和感

通 感
利用通感，打破视觉、听觉、味觉、触觉、嗅觉等基本感官之间的界限。通过感官的交互作用，创造出一种全新的感受

仿 生
将仿生设计融入产品中，不仅能为产品注入新的活力，在物质上满足人的日常使用需求，在精神上还可以将自然与艺术、个体与环境等多重元素融合

图 5-12 造型风格板

5.2.4 功能收纳分析

功能收纳分析是指对产品功能进行归纳分析，以便设计产品的收纳结构和布局，提升产品的实用性和便携性。功能收纳分析的步骤如下。

① 功能分析。对产品的功能进行详细的分析，并区分产品的主要功能和次要功能，以便进一步确定收纳结构和布局。

② 空间布局。通过对收纳结构和布局的分析和研究，确定收纳空间的大小和位置，以便更好地安排产品及其附件的收纳位置，使其布局更加紧凑且便于携带。

③ 选择合适的收纳方式和结构。根据产品的形状、材质和功能需求，选择合适的收纳方式和结构，以便更好地保护产品及其附件，提升产品的实用性和便携性。

④ 选择合适的储物器具。根据收纳结构和布局的要求，选择合适的储物器具，如袋子、盒子、架子等，以便更好地组织和收纳产品及其附件。

⑤ 考虑用户需求。根据用户需求和使用场景，确定收纳结构和布局的设计方向和重点，以便更好地满足用户需求，提升用户体验。

在机构教具的功能收纳分析中，功能分析是指分析机构教具的主要功能和次要功能；空间布局是指确定机构教具收纳空间的大小和位置；选择合适的收纳方式和结构，如挂钩、收纳盒等；选择合适的储物器具，如手提袋、收纳箱等；根据用户需求和使用场景，确定机构教具收纳结构和布局的设计方向和重点（图 5-13）。

图 5-13　收纳方式

5.2.5　材料结构分析

材料结构分析是指对产品的材料和结构进行综合分析和评估，以确定产品的制作工艺、优化产品的结构和设计、确保产品达到设计要求，并提升产品的性能，增强产品的可持续性。材料结构分析的内容如下。

① 材料选择。根据产品的性质和用途，选择合适的材料。不同产品可能需要不同特性的材料。例如，金属制品应选择具有稳定性、耐腐蚀性和耐高温性的材料。

② 材料特性分析。对选用的材料进行详细分析和评估，包括物理特性、化学特性、成本和可用性等。这有助于确定材料的适用性和使用方法。

③ 结构分析。对产品的各个结构进行分析和评估，包括支撑结构、连接结构、稳定结构和装饰结构等。这不仅有助于确定产品的结构和设计方案，还有助于评估其可靠性和性能。

④ 结构优化。根据分析结果，对产品的结构和设计进行优化，以提升产品的稳定性、耐久性和美观性。同时，还需要考虑产品的加工工艺。根据产品的结构和设计，确定适合的加工工艺和制作流程，以确保产品能够被有效生产和加工。

⑤ 质量控制。在生产过程中，采取相应措施对产品的质量进行控制和检测，包括原材料的检测、生产过程的控制和成品的检验等。这有助于确保产品的质量和可靠性。

⑥环保分析。评估产品制造过程对环境的影响，确定环保策略和措施，减少环境污染和自然资源的消耗。

在机构教具项目中，材料结构分析的内容包括：材料选择，选择合适的材料；材料特性分析，分析所选材料的物理特性、化学特性、成本、可用性、环保性等；结构分析，分析所选产品的制作流程、生产设备、工艺要求和制造成本等；结构优化，根据结构分析的结果，优化所选产品的制作流程和制造成本；质量控制，对所选产品的质量进行控制和检测，确保产品的质量和可靠性；环保分析，对制造过程中在环境方面产生的影响进行分析和评估，制定相应的环保策略（图 5-14）。

竹木手工　　　　　　塑料模块　　　　　　金属组装

图 5-14　机构教具的材料结构

5.3　成型工艺

工业化批量生产的方式极大地满足了广大消费者的需求。在制造技术方面，数字化技术的快速发展为不断变化的个性化市场带来了强大的灵活性，从而形成一种柔性生产模式。从技术发展的角度看，计算机科学、材料科学、CAD 技术、激光技术的发展为新的制造技术的产生奠定了技术基础。快速成型技术便是在计算机控制下，基于离散堆积制造原理，采用不同方法堆积材料，最终完成产品成型与制造的技术。

成型技术的成型工艺可分为以下四种类型（图5-15）。

① 减法成型。减法成型是指运用分离方法，把部分材料有序地从基体上分离出去的成型工艺。竹木工艺、玉石工艺及金属工艺中的车、铣、刨等加工方法均属于减法成型。减法成型是传统成型工艺最主要的成型方法。

② 加法成型。加法成型是指运用机械的、物理的、化学的、人工的或数字化等手段，通过添加材料来达到产品设计要求的成型工艺。3D打印技术、泥塑工艺是加法成型的典型代表。

③ 可塑成型。可塑成型是指利用材料的可塑性，在特定外部约束条件下成型的工艺。塑料模具成型工艺、铸造工艺和粉末冶金工艺等均属于可塑成型。

④ 生物成型。生物成型是指利用生物活性材料或结构成型的工艺。自然界中生物个体的生长发育过程体现了生物成型的原理。

1. 木雕　2. 3D打印　3. 塑料模具成型　4. 生物克隆
图 5-15　成型工艺

5.3.1　数控工艺

数控工艺是利用计算机数字化信息技术，对机床的运动方向及加工过程进行控制的一种加工工艺（图 5-16）。数控技术是伴随数控机床的产生、发展而逐步完善起来的一种应用技术，它是人们对大量数控加工实践的经验总结。它的目的是以最合理或较合理的工艺过程和操作方法，指导编程和操作人员完成程序编制和加工任务。

数控加工过程是利用切削刀具在数控机床上直接改变加工对象的形状、尺寸、表面位置、表面状态等，使其成为成品或半成品的过程。相比于传统的机械加工，数控加工具有以下优势。

① 高精度。数控加工可以实现的精度高达 0.005mm，远高于传统机械加工的精度。

② 高效率。由于数控加工属于自动化加工，比手工加工或半自动加工的效率更高。

③ 多功能。数控加工可用于加工各种复杂的曲面，完成复杂零件的制造。

④ 高灵活性。可通过调整程序，完成不同零件的加工，大幅提升生产的灵活性。

图 5-16　数控工艺

5.3.2 3D 打印技术

3D 打印技术是一种以计算机三维模型控制为基础，通过将固态或液态可黏合材料分层处理（如加热熔融、光固化或激光烧结），并逐层堆叠成型的制造技术（图 5-17）。作为快速成型技术，3D 打印技术以精确复杂的构型能力，在珠宝、鞋类、建筑、工业产品、航天航空、医疗等领域得到广泛应用。从加工原理上看，3D 打印技术常用的熔融沉积成型（FDM）打印方式，实际上是采用数控工艺的运动形式，通过高温将丝状材料挤压熔融，在沉积过程中连续送进，从而实现物体的构型。其工作流程如下。

① 创建数字模型。使用 3D 建模软件或 3D 扫描仪创建或获取数字模型。

② 设置 3D 打印机参数。选择合适的 3D 打印机，并设置打印机参数，包括打印速度、温度、层高等。

③ 预处理。使用专业的 3D 打印软件对数字模型进行修复、分层、支撑等预处理操作。

④ 打印。将材料装入 3D 打印机，启动打印程序，3D 打印机则按照预设的路径逐层打印出所需物体。

⑤ 后处理。将打印出来的物体进行后处理，例如清理支撑、抛光、上色等。

3D 打印技术可用于制造各种形状复杂的个性化、小批量生产的产品，如机械零件、玩具、艺术品、医疗器械等。它具有生产速度快、成本低、可定制性高等优点，但也存在一些局限性，例如在打印精度、材料选择等方面仍有待改进。

图 5-17 3D 打印

5.3.3　竹木工艺

竹木工艺是指利用竹子和木材这两种自然材料进行加工，制作成各种既实用又美观的产品。其加工技术在亚洲，尤其是在中国有着悠久的历史。竹子和木材因其可持续性、可塑性和美观性而广受欢迎。图 5-18 为竹木工艺制品。图 5-19 为常见的竹木工艺加工技术，该技术的介绍如下。

① 切割。将竹子或木材切割成所需的形状和尺寸，通常使用锯子、刨子等工具来完成。

② 研磨。将竹子或木材研磨至光滑，去除锯齿和粗糙表面，通常使用砂纸、磨具或研磨机来完成。

③ 曲木。通过蒸汽对木材进行软化处理，将其弯曲成特定形状。这种工艺常用于制作家具、乐器和建筑构件。

④ 竹编。将竹条切割成细长条，再编织成不同的形状和图案。竹编制品广泛存在于日常生活中，如竹筐、家具、帽子等。

⑤ 木雕。使用刀具或机械雕刻的方式将木材雕刻成精美的图案、形象或文字。木雕在家具、装饰品等方面都有广泛应用。

⑥ 拼接和黏合。将不同形状和尺寸的竹子或木材拼接并黏合在一起，形成复杂的结构和设计，通常使用胶水、钉子进行固定。

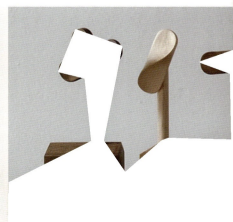

图 5-18　竹木工艺制品

图 5-19　常见的竹木工艺加工技术

⑦ 染色和上漆。为了提升竹木制品的美观性和耐用性，可在其表面涂抹染料、油漆或其他保护剂。

⑧ 装饰。在竹木制品上添加雕刻、镶嵌、彩绘等装饰元素，可增强其美感和个性。

5.4　项目评估

项目评估是一个用于判断项目是否达到预期目标、是否符合预期成本和时间计划的过程，可以帮助项目管理者和利益相关者了解项目的实际情况，从而做出决策。项目评估的流程如下。

① 明确评估目的，包括了解项目实施过程中的问题、项目完成后的成果以及对未来项目的影响。

② 根据项目的特点和目标，制定适当的评估指标，包括项目进度、质量、成本、风险等方面。

③ 收集项目实施过程中的相关数据，如项目进度报告、质量报告、成本报告、风险报告等，以便对项目进行分析。

④ 对收集到的相关数据进行分析，以了解项目实际状况与预期目标之间的差距，如对进度、质量、成本等指标进行比较分析。

根据机构教具项目评估结果，采取相应的措施改进管理方案，以确保更好地实现项目预期目标。需定期跟踪改进措施的实施情况，并根据需要进行调整。项目评估有助于管理者和利益相关者了解项目实际情况，为项目决策和改进提供依据，从而提高项目的成功率和效益。机构教具评估方案如图 5-20 所示，评估表见表 5-4，木质机构教具原型如图 5-21 所示。

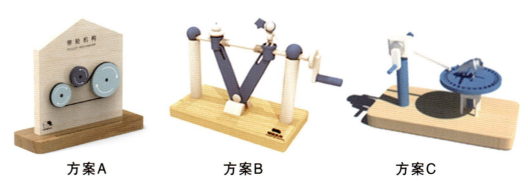

方案A　　　　　方案B　　　　　方案C

图 5-20　机构教具评估方案

表 5–4   机构教具评估表

评估指标	权重因子	方案 A		方案 B		方案 C	
		分值	总值	分值	总值	分值	总值
市场需求	5	5	25	3	15	2	10
技术可行性	3	4	12	5	15	4	12
操作性	4	3	12	2	8	4	16
收纳方便	3	4	12	3	9	5	15
展示性	4	4	16	3	12	3	12
造型美观	4	4	16	4	16	3	12
安全性	5	5	25	4	20	4	20
材料环保	3	3	9	3	9	2	6
生产成本低	3	2	6	3	9	2	6
噪声小	2	3	6	4	8	3	6
重量轻	2	2	4	2	4	3	6
综合评分			143		125		121

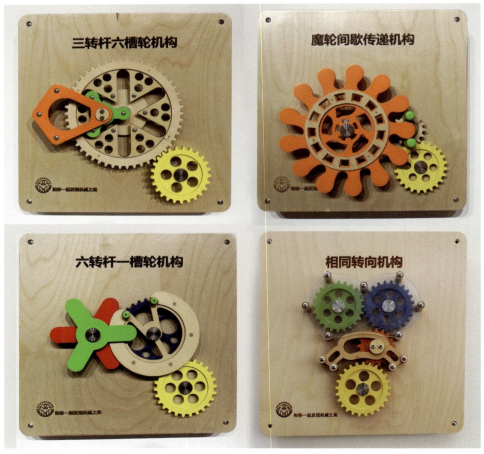

【木质机构教具
演示视频】

图 5-21   木质机构教具原型 / 陈有胜、徐晓兵

附录：小米生态链

通过小米生态链模式，雷军带领小米及生态链的众多创业者、企业家，影响了很多行业，也逐渐改变了人们的日常生活。可以说，小米生态链不仅是小米的重要战略，还是一种独特的、创新的、成功的商业模式，在一些领域对我国社会产生了重大影响，极具研究价值。

在小米之前，无论是国内还是国外，都有比它更强大的企业，为什么没有一个企业创造出生态链这种模式呢？为什么小米生态链能够成功？当下，小米生态链又遇到了哪些问题？又该如何应对这些问题？

一、种子

没有一颗生命力强大的种子，是无法成长为一棵参天大树的。小米生态链的种子就源自小米创始人雷军。雷军身上有很多值得讲述的地方，而与生态链的诞生有紧密关系的有四个主要方面。

1. 科技思维

雷军在武汉大学读计算机专业时，就受《硅谷之火》中创业故事的影响。大学四年级时，他和同学王全国、李儒雄等人创办三色公司，大学毕业后便开始闯荡计算机市场。

1992 年，雷军在金山软件工作期间，与同事合作编写了《深入 DOS 编程》一书。他涉猎广泛，设计过加密软件、杀毒软件、财务软件、CAD 软件、中文系统以及各种实用小工具等，并和王全国一起做过电路板设计、焊过电路板。他在金山软件一干就是 16 年，以 CEO 的身份推动金山软件于 2007 年 10 月 9 日在香港联合交易所上市。可以说，雷军是拥有高维度的"软件 + 硬件"科技思维的企业家。

2. 顺势思维

雷军通过他在金山软件的工作经验，以及早期投资众多项目的亲身经历，深刻意识到：企业家并不是超人和圆桌骑士的混合化身。真正的创业者既要有周密的分析能力，又要辛勤工作，但是首先要有周密的分析能力；决定一个企业能否决胜千里的最重要的一条不是天道酬勤，而是顺势而为。这种顺势思维对雷军后面的选择起到了至关重要的作用，包括小米手机的发展，以及小米生态链策略的制定。

3. 投资思维

雷军在金山软件担任 CEO 期间，特别是在易趣网被卖掉之后，对互联网投资方面就非常关注，并且开始尝试投资。例如，2004 年投资拉卡拉，2006 年投资 UC 优视等。

在金山软件上市 2 个月后，也就是 2007 年 12 月 20 日，雷军辞去 CEO 职务，开始以天使投资人的身份在国内科技和互联网领域活动。期间他投资了不少企业，包括卓越网、逍遥网、尚品网、乐讯社区、多玩游戏网（欢聚时代）、凡客诚品、乐淘、可牛、好大夫等 20 多家创新型企业，其中有多家企业成功上市。

这些丰富的投资经验为他后期成立顺为资本，以及在投资小米生态链期间选择项目方向和建设团队打下了不可或缺的关键基础。

4. 心怀理想

2010 年，在小米创立之前，中国已经成为世界工厂，但那时候中国制造业"只有制造没有品牌"，可以说这个时代中国制造业在生产和流通领域的效率是相当低的。雷军深刻意识到：中国的制造业领域需要一场深刻的效率革命。所以说，雷军能成功打造小米手机，源于他想要改变中国制造业的理想。

如果说，雷军就是小米生态链产生的种子，而且是一颗拥有强大生命力的种子，那么雷军的理想就是这颗种子的灵魂。正是这颗有强大生命力和灵魂的种子，才造就了后面的故事。

二、环境

1. 中国制造业临界点

2009 年，在国内手机市场，诺基亚凭借超过三分之一的市场份额牢牢占据全球第一大手机厂商宝座，三星、摩托罗拉、LG、索尼爱立信紧随其后，国产手机的关注度较低。

这时候的国内市场，一方面对海量的优质产品有着强烈的需求，另一方面也具备强大的生产能力，但却没有任何品牌优势。可以说，中国制造业正面临一个临界点，需要有人加速推进变革，就像鲶鱼一样搅动整个市场。小米就成了这条时代的鲶鱼。

2. 企业家的抱负

2000 年至 2010 年，我国经济快速发展，国外品牌加速进入国内市场。这让国内很多优秀的创业者和企业家看到了更远大的发展前景。可以说，任何一个有抱负的企业家都希望自己的企业更快成长。在此期间，国内多家互联网和科技公司上市，进一步掀起投资热潮，同时国内消费需求缺口扩大，人们对产品品质的追求日益凸显。在这种环境下，国内众多青年创业者都在等待着成长的机遇。

三、基础

外部大环境相当于种子发芽所需要的空气和阳光，然而种子要真正发芽还需要肥沃的土壤和充足的水分，这就是小米的诞生以及雷军投资的升级过程。

1."米粉"的热情参与

小米在确定"铁人三项"模式后，MIUI 操作系统是最早与用户见面的。雷军提出互联网七字诀——"专注、极致、口碑、快"，并以此打造 MIUI。在团队成立 2 个月后的 2010 年 8 月 16 日，MIUI 第一版正式发布，之后更是保持着几乎每周更新一次的效率来践行着这七字诀。

在 MIUI 发布后，小米建立了论坛招募志愿者来"刷机"，而这个论坛就成了小米互联网业务的基础。刚开始，论坛只有 100 人，用户量虽少，但口碑极好。

之后，用户量几乎以每周 100% 的增长率增长，在不到一年的时间里，MIUI 的用户量就超过了 30 万。后来，这批用户不断传播、裂变，很快就吸引了千万用户关注小米。具有极强黏性的"米粉"社群就此形成了。

正是这批"米粉"推动了小米 1 的成功，更推动了小米创造更多满足"米粉"需求的产品，还间接促进了小米生态链的诞生和发展。

2. 小米 1 的巨大成功

2010 年，小米正式成立。此时的雷军虽然从没做过手机，但却有一个脑洞大开的梦想：做全球最好的手机，只卖一半的价钱，让每个人都买得起！经过反复斟酌后，雷军确定了用"铁人三项"的互联网模式做手机。

大胆的想法，创新的模式，强大的创业团队，加上前期较为充足的资金，在公司成立 1 年多的时候，也就是 2011 年 8 月 16 日，小米 1 手机在北京 798 艺术区正式发布。当价格公布为 1999 元时，现场响起长达半分钟的欢呼和尖叫。最后，小米 1 总计销售 700 多万台，这一销量堪称奇迹。小米 1 的成功为雷军的梦想打下了坚实的基础。

3. 顺为资本悄然成立

在小米 1 成功大卖后不久的 2012 年 3 月，顺为资本在北京正式成立。这意味着，雷军从天使投资人的个人模式进入机构投资的专业模式。这不仅为雷军投资小米生态链找到了更广阔的资金来源，还有助于积累更专业的投资团队。

资本是花钱投资，流量是投资变现的途径。小米已经成为一个巨大的流量池，资本＋流量的模式不禁让人产生联想：只要投资策略得当，就能再现小米 1 的成功。当然这还需要一个契机。

四、契机

雷军在小米 10 周年演讲的时候提到，小米第一代手机总计销售 700 多万台后，政府主管部门给小米提出了一个新课题：小米手机这么火，能不能带动发展国内供应链？

雷军心想：我们还只是一家刚刚创办的小公司，这么重的担子，我们扛得住吗？不想那么多，干了再说。2012 年年初，小米就制订了"红米计划"。红米计划的核心就是优选国内供应链，打造国民手机。

虽然供应链不是生态链，但它与小米进入生态链的关系十分密切。正是政府主管部门的厚望，才推动了红米计划的产生。如果小米不进入国内供应链，也就不知道什么时候才会更加了解国内手机周边生态的发展情况。

可以说，这一任务挑战，让小米打开了一扇新的窗户——手机生态。

五、推力

1. 红米手机的成功点燃希望

2012 年，红米计划启动，小米初步完成了国内供应链的开拓。但由于当时国内供应链还不成熟，雷军对第一代红米产品非常不满意，而这时已经投入了 4000 万元的研发费用。

怎么办？是退而求其次，还是放弃？还是坚守目标，推倒重来？

我们不知道当时雷军的内心想法是怎么样的，但能看到的是雷军决定推倒重来——做极致的红米。我们现在看到的红米第一代手机，其实是小米研发的红米第二代手机。

2013 年 7 月 31 日，红米手机正式发布。在最后一刻，雷军把价格从 999 元直降 200 元，最终定价为 799 元。如此具有竞争力的价格，让红米手机在市场上大获成功。

在红米推倒重建的道路上，小米获得的不只是红米手机的成功，更是对小米 1 模式在更加苛刻条件下的进一步验证。这让雷军认识到，国内供应链的发展程度可以支撑国内科技硬件产业的崛起。

2. 推动更多行业变革

如果说小米对国内市场的冲击力仅仅引发了人们的好奇心，那么大量使用国产元器件、带动国产手机供应链发展的红米，更是给市场、企业家带来了认知冲击。

MIUI 火了，小米火了，雷军的"铁人三项"模式正式稳定下来了。这引发了一个有意思的社会现象：很多企业都向小米学习，加上红米又火了，以至于当时出现了很多互联网手机品牌，小辣椒手机就是其中之一。

不仅如此，在红米上市前，就已经有不少创业者、企业家亲自到小米公司来学习。雷军愿意帮助优秀的创业者、企业家，他非常大方地分享小米的经验，希望推动更多行业的变革。很多企业家学到了，成功了，这让雷军进一步看到，当时创办小米时想要改变中国制造业的愿望有了实现的可能。

六、验证

1. 移动电源的成功

2013 年，在红米成功上市和预售大火之后，生态链概念初步形成，这时生态链还未成为一个部门，毕竟还需要验证。于是，雷军提出了建议：生态链一定要从手机周边开始做起。他第一个想做的硬件就是移动电源。

在 2013 年 12 月 3 日，小米移动电源在小米官网发售。这款移动电源拥有 10400mAh 的大容量，一体成型的铝合金外壳，磨砂处理的表面，简洁的整体设计，先锋的工业设计和超高的配置，价格却是极低的 69 元，一登场就让国内整个移动电源行业为之震动。

小米移动电源的成功，开了一个好头，让大家看到一个小产品也能做成大生意。这不仅吸引了更多企业家关注小米这个平台，也让雷军对生态链的未来有了更大的信心。

2. 商业策略的成功

小米移动电源的成功不只验证了雷军对生态链的设想，更进一步验证了小米的商业策略：极致的工业设计，超高的性能，极低的产品价格，三者结合就可以让产品形成一种强大的市场穿透力。借助互联网这种消费模式和小米的流量，极具竞争力的价格成为可能。接下来要做的就是，勇敢地迈出下一步。

七、起航

以小米的生态链模式赋能中国制造业，小米移动电源只是个开始。雷军对生态链的部署是：5 年之内孵化 100 家企业，变革 100 个传统行业。

此后，小米正式开启生态链的进程。2014 年，刘德领导的小米生态链部门正式成立。自此，生态链部门在硬件市场上的投资开始快速前行。从这一刻起，小米生态链的大舞台已经正式拉开了帷幕，至于未来发展如何还不知道，但目标已经有了，要做的就是朝着目标努力前行。图 5-22 为小米生态链家电产品。

图 5-22　小米生态链家电产品

八、总结

凡是过往，皆为序章。

任何一件伟大事业的正式启动，都耦合了过往逐渐积累的多种因素，也就是我们常说的"天时地利人和"。而这些因素往往源于我们在此之前所做的一切努力。就像马云能创立阿里巴巴，黄峥做成拼多多，王兴成就美团一样。没有经历之前的深厚积累，怎么能平地起高楼？

一个人的成功很难脱离自己的能力圈。我们所做的一切努力都在为未来的某个时刻做准备。而那个时刻，是源自我们心中很早就形成的坚定的信念。

没有灵魂的种子不会发芽，没有生命力的种子很难破土而出。而没有土壤的种子即便发芽，也很难成长为一棵大树。成功都不是偶然的。积累的因素越多，越有可能成功，就像是盖金字塔一样。面对金字塔，大致可分为四类人：

第一类人是观光客，他们只会惊叹：哇！真壮观！第二类人利用金字塔吸引第一类人花钱来看，从而赚取钱财。第三类人研究金字塔是怎么建的，自己再造一些金字塔。第四类人看到金字塔后，对自己做的事更加有信心，于是更加专心地做自己的事，相信做出的成就不低于金字塔。

设计课题和思考题

1. 为 STEM 教育设计一套机构教具。

设计要求： 以5～8人为一组，通过资料收集和实验室调研，确定设计定位。如小学的机构教具在造型上可以更接近玩具，让学生在玩中理解机构原理，其安全性、耐摔性、收纳性是设计的重要因素；中学的机构教具侧重原理展示，帮助学生理解课本中的各种科学知识；而大学的机构教具更注重专业性，以及其在实验室的陈列方式等。

设计程序： 小组讨论确定设计定位（小学、中学还是大学）；对课题展开调研，如走访学校实验室、采访教师，并做好图片和文字记录；就造型、材料、收纳等议题在网上搜索产品资料，然后经过筛选制作风格板、收纳板，再经过讨论确定造型风格、材料和收纳展示方式；各自画草图、计算机三维建模，在不断讨论、调整中设计出一套造型风格、材料、色彩统一的机构教具。

作业要求： 草图、计算机模型、实物模型、设计版面（A3）、介绍视频和 PPT（个人和小组）。

模型材料： 木材、PVC 模型板、亚克力板、3D 打印材料等。

2. 从人与物的框架入手，设计一个系统：目的—功能—结构。一方面抓住人，如人对系统持有的目的；另一方面抓住物，如系统的功能结构。从人对系统持有的目的到系统的功能结构，系统通过结构实现特定功能，这个功能是要为人的目的服务的。

3. 开发一个以机构为结构的家政机器人。

4. 开发一个以机构为结构的残疾人助行产品。

5. 开发一个以机构为结构的太阳能火星车。

6. 开发一个以榫卯为结构的赈灾帐篷。

7. 开发一个具备餐具共享功能的外卖订餐系统。

8. 开发一个具有环保概念的快递物流系统。

第 6 章 交流与沟通

交流与沟通是设计者应具备的重要技能。如果设计团队成员之间没有良好的交流与沟通，合作就不可能成功；再好的团队，如果不能让用户对产品有深入的了解，其所做的设计将毫无价值。与他人交流与沟通设计研究成果是项目设计的重要部分，一般有两种方式：一是通过口头报告和展板汇报的形式，面对面地展示设计研究成果；二是撰写设计报告。本章以婴幼儿用品项目为案例进行分析。

6.1 演讲表达

演讲表达能力体现在如何将设计方案以最有效的方式传递给观众，其要点如下。

① 围绕观众关心的问题。观众不关心演讲本身，而是关注产品能否给其生活带来积极的影响。因此，要聚焦于产品背后的价值。

② 具有使命感。要充满激情地感染观众，怀有神圣的使命感，相信自己所做的事情能够给生活带来美好。

③ 简明扼要。一般来说，观众在短时间内容易记住的事情有三四个。在演讲一开始，就要向观众讲明设计好的部分，有利于观众加深对演讲内容的理解。

④ 良好的仪态。在演讲过程中，要保持和观众的眼神交流，而不是一直逐字逐句地读 PPT 上的文字。保持开放的姿态、自然的肢体语言，让音调语速与内容情节互相呼应，这对塑造演讲形象起到重要的作用。

⑤ 礼貌的问候语。
• 演讲开始时，使用正式的问候语："女士们、先生们，早上 / 下午好！"

• 简要介绍自己，并介绍与演讲主题相关的经历、背景等。

• 介绍演讲主题。用生动有趣的语言，简要介绍演讲主题及相关内容。

• 演讲结束时，要表达出欢迎观众提问的诚意，可以说："大家有什么问题吗？我很乐意回答大家的问题。"

• 当有人提问时，应微笑面对提问者，认真倾听提问者的问题。待提问者问完后，稍作思索再回答。在回答问题前，可对问题进行积极评论来获得思考时间，如"这是一个非常有趣的问题……""正如我在演讲中所说……"如果无法回答提问者提出的问题，可以坦率地说明或回复："恐怕我回答不了你的问题，你有什么想法吗？""大家是如何看这个问题的？"

演讲评价表见表 6-1。

表 6-1 演讲评价表

姓 名		项目主题		
设计研究题目				
评价等级	□优秀 完美流畅、很少失误	□良好 陈述完整、少量失误	□及格 陈述一般、少量失误	□不及格 陈述较差、失误较多
演讲内容	□信息完整 □有丰富的知识含量 □有很好的细节支撑	□信息比较完整 □有一定的知识含量 □有基本的细节支撑	□信息基本完整 □知识含量较少 □少量细节支撑	□信息不够完整 □缺少知识含量 □缺少细节支撑
思维与交流	□对主题有深刻而完整的理解 □具有逻辑性和说服力	□对主题有良好的理解，但不够完整 □主要论点明确，但说服力不强	□主题不够明确 □论点不明确，也没有说服力	□主题不明确 □论点不完整，缺乏说服力
结构与词汇	□主题陈述清晰完整 □演示结构良好，有细节支撑 □有丰富的与主题相关的词汇	□主题陈述完整，但缺乏吸引力 □演示结构较好，有连贯性 □有较多与主题相关的词汇	□主题陈述不够明确 □没能引起观众的注意力 □与主题相关的词汇较少	□缺乏明确的主题 □缺乏引起观众注意力的元素 □缺乏与主题相关的词汇
PPT 内容	□PPT 内容与主题紧密相连 □PPT 与演讲很好地融为一体	□PPT 内容与主题相契合 □PPT 基本与演讲融为一体	□PPT 内容与主题缺乏适配性 □PPT 与演讲之间的关联性较弱	□PPT 内容与主题联系较少 □PPT 与演讲缺少关联性
演讲状态	□声音响亮，吐字清晰 □能很好地与观众保持眼神交流 □自信 □能有效地运用肢体语言和表情 □有活力和热情	□语言有失误，但很快能纠正 □多数时间能与观众保持眼神交流 □自信，但有时有些紧张 □能较好地运用肢体语言和表情 □有创造力	□表达有时清晰，有时不够清晰 □与观众的眼神交流有限 □不够自信，有时表现紧张 □有少量的肢体语言和表情 □创造力有限	□不能很好地控制演讲时的音调，声音清晰度较差 □缺少与观众的眼神交流 □没有自信，表现紧张 □不能有效地运用肢体语言和表情 □缺乏创造力

6.2 PPT 展示

PPT 是演讲的辅助工具，它采用多种模式传递信息，将图片、文字和表格更直观地传达给观众（图 6-1）。PPT 展示的要点如下。

① 简洁明了。用短语替代长句，或使用关键词。演讲时，需使用符合语法、逻辑正确的句子。每页呈现一个想法，把重点放在具有创意的想法和设计概念上，引导观众了解想法的本质，而不是罗列想法的属性。

② 少即是多。尽量不要用过多的文字、图形或颜色，避免页面混乱。每页不超过 4 种颜色，文字行距设置在 1.5 倍以上。不要把所有元素都放在页面上，谨慎使用动画或声音效果。

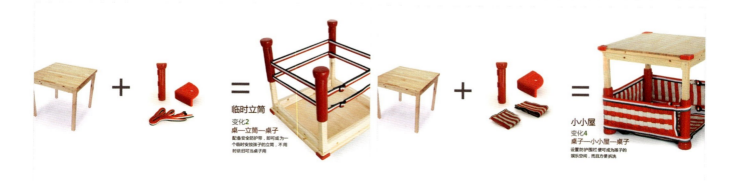

图 6-1　婴幼儿用品设计项目 PPT

③ 让字体变大。每页文字控制在 7 行以内，字号为 24 号以上，让后排观众也能看清。

④ 图片胜过千言万语。尽量用图片说明设计思想和设计概念。图片在视觉上更有吸引力，容易被记住。

⑤ 色彩组合。运用色相对比或明度对比手法，清晰地显示背景与主题图像、文字之间的关系。

⑥ 测试。在演讲前，需对 PPT 内容进行检查调整，包括文字格式、色彩、风格是否统一，并剔除无关内容，改正错别字和逻辑错误等，再在将要使用的计算机上进行演示，预估演讲时长（图 6-2）。

图 6-2　婴幼儿用品设计项目 PPT 演讲 / 杨飞、王莹

6.3   书面表达

作为设计师，书面表达能力主要表现为在设计工程过程中撰写各种报告、主题论述等书面材料的能力，涉及项目设计报告、项目建议书、可行性研究报告、论文等内容。写作原则是针对具体情况用相对合理的方式来编写。写作内容应清晰、简洁，语言优雅、准确。不同方面的具体要求如下。

① 措辞。用词要简练、准确、直白，尽量使用专业术语。合理地使用常见术语可以降低沟通成本。不要过多使用过于小众或自创的术语，以及过于生僻的词汇。此外，要省略程度副词，如"非常重要"和"重要"，在读者看来它们大同小异。

② 数据。与其说"该系统的性能提升明显"，不如说"该系统的性能提升 32%"，这样更为可信，方便读者做出自己的判断。

③ 句式。使用短句，不要使用有多个从句的复杂句式。采用书面化语言，避免过于口语化，不要使用顺口溜和语气词。如果要强调重点内容，可使用粗体或斜体，也可以使用分级标题。应准确描述客观事实，避免加入主观情绪。

④ 段落。段落应尽量简短，通常一个段落不要超过 8 个完整的句子。每个段落应只有一个清晰的主题，段落开头多为主题句，方便读者快速了解段落大意。段落中的每句话都应与主题紧密相关。否则，应另起段落。段落内容应始于一个读者已经熟悉的概念，将新的内容放在段落结尾。这样，读者可以更连贯地理解内容。

⑤ 图表。合理使用图表可以极大地降低读者的理解成本。

⑥ 标题。标题要分级，且简短清晰。

6.3.1   文献综述

项目开发研究需进行前期调研，了解国内外同行的研究设计成果及同类产品技术发展现状，以明确所要开展的工作内容，推进产品的发展和进步，而不是同类产品的简单重复。前期调研内容及其结论，通过设计报告的文献综述形式加以表述。

文献综述是经过调研、分析和提炼后，对某领域最新发展现状的呈现。文献综述通常聚焦一个设计课题，对其背景、难度、关键技术及现有解决方案等进行文献资料收集、分析和提炼，以便为下一步的研究设计工作提供借鉴。对于基础性研究课题，其文献资料的来源主要为公开发表的国内外期刊、学位论文和学术会议论文集等；对于设计开发型研究课题，其文献资料主要来源于国内外同行业或领域内的期刊、学位论文、学术会议论文集和发明专利等。无论何种类型的文献资料，其提炼要点是研究设计成果的创新点及不足之处，这不仅体现了对前人工作的尊重，而且可以保证后续研究设计工作能在现有研究成果的基础上有所进步，而不是简单重复他人的研究设计成果。

6.3.2　摘要

摘要是项目研究文本（项目设计报告、项目建议书、可行性研究报告、论文等）的关键组成部分。其目的是便于检索，为读者提供有关研究设计成果的简要信息，帮助读者判断是否要阅读全文。摘要字数应控制在 200～300 字之间，内容包括设计对象、研究方法、设计成果以及对成果的简要分析。具体包括以下内容。

① 阐述项目研究目的，并用一两句话概述研究的问题及主题，无须详细描述研究背景。

② 阐述为什么要解决这个问题。

③ 阐述解决这个问题的方法及设计成果。

④ 阐述结论。对解决问题的方法及设计成果进行简要的说明。

6.3.3　引言

引言的作用是陈述研究问题或项目主题，以及为什么要研究这一问题或主题。引言不仅要概述研究背景，还应当说明在进行研究设计时所确定的问题，阐述研究路线和解决问题的方法，即从一般性介绍过渡到更具体的问题，并说明研究结果。

6.3.4 设计报告

设计报告是项目开发设计中的重要组成部分，是对项目设计问题解决方案的系统性描述，其目的是阐明项目设计的总体思想和设计中的权衡点。设计工作不仅仅是提出方案，更是解决真实的问题。设计报告应简明扼要地传达信息，便于读者理解问题和理解设计。设计报告在项目开发设计中的作用如下。

① 降低迭代成本，尽早发现设计中的问题。
② 有助于团队对设计形成一致的意见。
③ 将优秀设计师的经验和思想推广到整个团队。
④ 为产品设计积累经验。

设计报告是为了沟通交流，而不是自我表达。应把精力放在清晰、简洁的表达上，而非文采上。在撰写设计报告之前，要收集相关信息，如用户需求、设计概念、测试情况等，还要收集参考文献、数据、图片等。撰写设计报告的基本原则如下。

① 设计决策。如果设计决策看上去没有任何的取舍，往往是因为取舍还没有被识别。应从取舍视角切入，寻找不同需求之间的平衡。

② 方案论证。"为什么"比"怎么做"更重要。设计所解决的问题往往是复杂且模糊的。因此，解决方案不是唯一的。对设计方案的论证通常比方案本身更为重要。

③ 避免过度设计。在设计开始阶段，就要界定问题的范围。对问题范围的良好界定，是一个好设计的必要条件。不要迷信设计模型、设计模式，这些是工具，而非法则；不要为了解决问题而制造问题；不要用复杂的设计来体现工作的难度和深度——一个复杂的问题可能会有一个简单的答案；不要过于担忧设计被迅速淘汰。

④ 报告结构。设计报告通常的结构是：a. 项目背景；b. 所要解决的问题；c. 设计方案；d. 结论。设计报告的篇幅不要过长，太多内容堆积在一个文档中会让读者失去兴趣，6000～10000字是一个合适的篇幅。超过这个篇幅，可以考虑将问题拆分成子问题，分别撰写设计文档，并在总体设计报告中链接子文档。

设计报告评价表见表6-2。

表 6-2　设计报告评价表

姓　名		项目主题		
设计报告题目				
评价等级	□优秀	□良好	□一般	□及格	□不及格
选题	□选题具有前瞻性，研究对象和目标明确 □选题具有很强的可行性，文献翔实、权威，材料选取客观	□选题具有较为重要的理论和实践意义，研究对象和目标较明确 □选题具有较强的可行性，文献较为翔实、权威	□选题具有一定的理论和实践意义 □选题具有一定的可行性	□能提出自己的见解 □选题有一定的价值	□选题较差，缺乏理论和实践意义 □选题的可行性较弱，文献资料的选取欠合理
专业知识	□专业知识体系牢固，研究方法合理，设计新颖，论证充分，重点突出、明确 □概念界定准确，内容深入	□立论正确，论据可靠，设计比较合理，论证较充分 □实验和计算数据比较准确，有一定的分析能力、动手能力和计算机应用能力	□基本掌握专业知识体系，研究方法一般 □文本结构和层次比较清晰，研究重点比较明确 □概念界定清晰，某些方面缺乏理论根据	□立论基本正确，并能对观点进行论述，设计基本合理 □实验和计算数据没有原则性错误，实际动手能力较弱	□缺乏明确的设计主题 □缺乏具有吸引力的元素
写作内容	□层次清晰，文字精炼、准确、流畅 □格式符合规范要求，符号使用正确	□层次较清晰，文字较精炼、准确、流畅 □格式基本符合规范要求，符号使用基本正确	□层次基本清晰，没有明显的逻辑错误，文字表达通顺 □结构合理，基本达到规范要求，图表清晰	□设计报告结构基本合理，文字较为通顺 □格式基本符合规范要求，符号使用存在部分错误	□设计报告结构不够合理，文字不太通顺 □格式不太符合规范要求，符号使用存在较多错误
设计成果	□有重要或突破性成果，有新见解、新思想 □能很好地应用新技术解决问题	□有较好的成果，有新思想、新见解 □能较好地应用新技术解决问题	□成果一般，有新观点 □在一定程度上，能应用新技术解决问题	□缺少有价值的成果，没有新观点	□设计成果缺乏创新性
学术规范	□资料引用、参考文献格式符合学术规范和知识产权相关规定	□基本达到规范要求，图表清晰，设计图纸基本符合国家相关标准	□资料引用、参考文献等方面符合学术规范和知识产权相关规定	□资料引用、参考文献等方面基本符合学术规范和知识产权相关规定	□未达到学术规范要求

附录：婴幼儿辅食产品设计报告

面向 Z 世代家长群体的婴幼儿辅食产品设计

孙超杰

杭州电子科技大学

摘要

本文是针对 Z 世代家长群体的婴幼儿辅食产品及服务流程的设计研究报告。Z 世代也称"互联网世代"，Z 世代群体的行为和心理具有鲜明的时代特征，对产品的需求和体验与传统消费者有很大的不同。本研究采用用户访谈、头脑风暴、哈里斯图表、交互原型评估等设计方法，探讨如何优化与提升该家长群体在婴幼儿辅食制作流程中的体验，强化产品的系统性和服务性。本研究将软件、硬件与服务结合，采用智能控制、辅食分析等多种方法提升产品功能，增加了辅食制作教学、食材配送及用户反馈等环节，以满足 Z 世代家长群体在婴幼儿辅食制作的健康、便捷和智能化方面的需求。

关键词：婴幼儿产品；辅食机；智能化；服务设计

引言

进入 21 世纪，我国的人口结构产生了很大的变化，观念的改变使人们越来越重视婴幼儿的健康成长。婴幼儿辅食是婴幼儿成长过程中重要的一部分。快节奏的生活方式和家庭结构的变化使得传统的手工制作辅食显得烦琐且耗时。Z 世代家长群体具有较高的教育水平、较强的消费能力，注重健康、便捷和个性化，追求高品质的生活体验，特别关注婴幼儿的营养需求和食品安全。本研究旨在设计一个面向 Z 世代家长群体的婴幼儿辅食产品，以满足其对辅食制作的需求。通过研究婴幼儿的营养需求、现有同类产品，以及 Z 世代家长群体的消费特点，进行产品系统设计和服务设计。研究设计内容包括以下方面。

① 婴幼儿辅食机的功能设计。通过分析 Z 世代家长群体的需求和行为习惯，设计一款智能化、多功能、操作便捷的婴幼儿辅食机，使其能够满足该群体个性化、便捷性的辅食制作需求。

② 婴幼儿辅食个性化服务。针对不同阶段婴幼儿的成长需求，结合儿童营养学和食品科学知识，研究开发适用于各个阶段的辅食配方，并提供个性化的辅食配方与辅食计划定制服务，以满足不同婴幼儿的营养需求。

③ 婴幼儿辅食机与移动应用程序的集成。借助移动互联网和智能设备，实现婴幼

儿辅食机与移动应用程序的集成，提供辅食制作教学、营养分析和月度辅食计划制作等功能。

第 1 章　项目背景

1.1　市场需求

面对数量庞大且正逐渐成为消费主力的 Z 世代家长群体，企业面临三个机遇和挑战：一是 Z 世代家长群体庞大，市场规模巨大；二是数字技术、数字经济的发展，极大丰富了产品设计生产、商业模式创新的技术手段和条件；三是互联网让产品和服务以鲜活立体的方式、形式传播，迅速全面地引领消费方式的转变。Z 世代家长群体更加关注健康饮食，越来越重视婴幼儿辅食制作，对高质量、安全、营养均衡的辅食制作需求不断增长，在辅食机上体现为以下几个方面。

① 便捷性需求。现代生活节奏加快，年轻父母希望能够在快节奏的生活中轻松制作婴幼儿辅食，因此对一键操作、快速加工、易于清洗的辅食机有较高需求。

② 个性化需求。年轻父母希望能够根据孩子的口味喜好和营养需求，灵活调整辅食配方，因此对具备个性化定制功能的辅食机有一定需求。

③ 可持续发展。对于环境友好、可持续发展的产品，消费者的关注度不断增加，因此辅食机在材料选择、能源消耗等方面的可持续性将成为市场的重要考量因素。

1.2　产品开发趋势

婴幼儿辅食机的产品开发趋势体现在以下几个方面。

① 安全性和便捷性。注重提升辅食机的安全性，解决辅食机在使用过程中可能出现的安全隐患，如设置安全锁、采用防滑设计、添加过热保护等功能。同时，简化操作流程，开发一键操作和智能化控制系统，使用户能够轻松快捷地制作出婴幼儿辅食。

② 多功能和个性化设计。为满足不同家庭和不同阶段婴幼儿的需求，辅食机的多功能设计和个性化设计成为研究重点。开发具备研磨、蒸煮、加热、消毒等多种功能的辅食机，可以满足婴幼儿在不同阶段、不同口味偏好下的饮食需求。另外，辅食机还提供个性化食谱推荐和营养分析服务，根据婴幼儿的年龄和饮食需求，定制辅食制作的参数，并给出食材选择建议。

③ 健康与营养。注重使用辅食机制作健康营养的婴幼儿辅食。通过对食材选择、烹饪技巧和营养分析等方面的研究，提供更加全面和科学的辅食制作指导，为婴幼儿提供多样化且营养均衡的饮食，以满足婴幼儿生长发育过程中的营养需求。

④ 设计创新和智能化。随着人工智能的发展，辅食机的研究更加注重设计创新和智能化发展。通过引入先进的技术，如智能控制、语音识别和手机应用程序控制，提升辅食机的智能化水平。同时，注重辅食机的外观设计和用户体验，追求简洁、美观、易于清洁的设计。

1.3　国内外市场

我国家庭对婴幼儿辅食机概念的普及程度不高，多数家庭仍然采用传统的工具进行辅食加工，但年轻父母对婴幼儿健康饮食的重视程度逐步提高，这是国内婴幼儿辅食机市场有很大发展空间的原因。目前，市场上婴幼儿辅食机存在着诸多问题，关键原因是相关构件和市场的产业链不够完整。

以国内市场上的两个品牌为例。A 品牌是设计师创立的母婴品牌，其在设计上不断优化。该品牌的婴幼儿辅食机尺寸设计合适，打出来的食物细腻，但其机器不能分离，清洗不便，安全性也有待加强。B 品牌的婴幼儿辅食机性价比较高、外形美观，但机身过重、工作时间较长，优化功能后会成为消费者更偏爱的选择。

国内还有很多婴幼儿辅食机品牌，从实际应用情况来看，辅食机的功能缺少针对性，与普通的破壁机、搅拌机区别不大，甚至还会产生更大的噪声，导致品质不佳。这些问题说明我国在婴幼儿辅食机的产品设计和用户体验方面还有很大的进步空间。国内企业应当对婴幼儿辅食机进行针对性的研究和探索，增强对目标人群的关注度，更专业地把握设计趋势。产品不应当只以降低价格作为自身竞争力，还应有自己的设计理念，加强用户体验设计，多关注用户对婴幼儿辅食机的需求，如此才能更好地推动国内婴幼儿辅食机的设计发展。图 6-3 为婴幼儿辅食机的国内用户关注点分析。

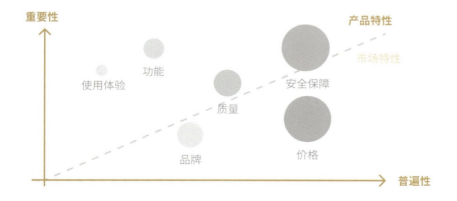

图 6-3　婴幼儿辅食机的国内用户关注点分析

目前，市场上有一定影响力的婴幼儿辅食机主要来自欧美和日本。欧洲多数品牌的婴幼儿辅食机做工精致、功能多样，真正了解了受众需求，实现了关怀型设计。其产品定位和目标人群明确。美国婴幼儿辅食机的设计注重安全性、实用性，同时也具有极强的商业推广效果，如利用 Disney 平台进行推广等，值得国内企业学习与借鉴。欧美的婴幼儿辅食工业化生产和研究起步较早，如雀巢、亨氏等生产制造品牌已有一百五十多年的历史，在研发、设备、技术和管理上都较为成熟，产品也更为多样化。日本婴幼儿辅食机的设计体贴入微，强调互动性，较好地实现了成人和婴幼儿的互动交流。

1.4 竞品研究

竞品研究旨在对辅食制作产品的竞争环境进行分析，重点关注直接竞品辅食机以及间接竞品辅食制作工具、辅食添加剂和辅食产品。对相关产品的特点、优势和劣势的评估，以及对市场需求和市场趋势的分析，可为企业制定市场策略提供参考。本节选取直接竞品和间接竞品两个方面进行研究（图 6-4）。

1.5 国内外婴幼儿辅食相关标准

国内外婴幼儿辅食相关标准主要有以下几种。

① 联合国粮食及农业组织（FAO）和世界卫生组织（WHO）共同制定的《婴儿配方及特殊医用婴儿配方食品标准》（CODEX STAN 72-1981）和《婴幼儿加工谷类食品标准》（CODEX STAN 74-1981）等标准。

② 欧盟委员会发布的婴幼儿食品标准和婴幼儿配方食品标准 [COMMISSION DELEGATED REGULATION（EU）2016/127]。

③ 美国食品药品监督管理局（FDA）发布的关于婴儿配方食品生产质量控制的专项规定（21 CFR 106）。

婴幼儿辅食机（直接竞品）
BABY SUPPLEMENT MACHINE

产品类别：辅食机
核心功能：多功能搅拌
辅助功能：蒸煮保温、定时、测重
核心竞争力：价格与质量、功能、体验
用户反馈：噪声大、搅拌细腻

婴幼儿辅食设备（间接竞品）
BABY SUPPLEMENT EQUIPMENT

产品类别：辅食剪、辅食锅、辅食勺
核心功能：食物剪碎、食物蒸煮
辅助功能：单一功能
核心竞争力：价格与质量、功能、体验
用户反馈：使用体验良好、质量佳

婴幼儿辅食成品（间接竞品）
FINISHED BABY FOOD SUPPLEMENTS

产品类别：米粉、米饼、面条、果蔬泥
核心功能：快速食品
辅助功能：保存、处理
核心竞争力：安全保障、营养、价格
用户反馈：口感好

婴幼儿辅食配料（间接竞品）
INFANT AND TODDLER SUPPLEMENT INGREDIENTS

产品类别：油
核心功能：快速食品添加
辅助功能：保存、处理
核心竞争力：安全保障、营养、价格
用户反馈：使用放心

图 6-4 竞品研究

④ 中国国家卫生健康委员会发布的《食品安全国家标准 婴儿配方食品》（GB 10765—2021）、《食品安全国家标准 较大婴儿配方食品》（GB 10766—2021）和《食品安全国家标准 幼儿配方食品》（GB 10767—2021）。

第 2 章　识别需求

2.1　问卷调查

本次问卷调查共收集到 100 名受访者的反馈，其中 70 人有使用婴幼儿辅食机的经历，占比为 70%。调查内容和结果如下。

1. 购买婴幼儿辅食机的原因

在使用过婴幼儿辅食机的 70 人中，57 人购买婴幼儿辅食机的主要原因是可以自制健康的辅食，占比为 81.4%；51 人认为婴幼儿辅食机方便快捷，占比为 72.9%；37 人购买婴幼儿辅食机的主要原因是节省成本，占比为 52.9%。

2. 婴幼儿辅食机品牌

在使用过婴幼儿辅食机的 70 人中，25 人使用的是飞利浦品牌的婴幼儿辅食机，占比为 35.7%；18 人使用的是 Braun 品牌的婴幼儿辅食机，占比为 25.7%；14 人使用的是 Beaba 品牌的婴幼儿辅食机，占比为 20%；剩余 13 人使用的是其他品牌的婴幼儿辅食机，占比为 18.6%。

3. 婴幼儿辅食机的使用频率

在使用过婴幼儿辅食机的 70 人中，38 人的使用频率为每周一两次，占比为 54.3%；16 人的使用频率为每周三四次，占比为 22.85%；剩余 16 人的使用频率为每周五次及以上，占比为 22.85%（图 6-5）。

4. 对婴幼儿辅食机的满意度

在使用过婴幼儿辅食机的 70 人中，44 人对婴幼儿辅食机的性能和质量表示非常满意，占比为 62.9%；22 人对婴幼儿辅食机表示比较满意，占比为 31.4%；剩余 4 人对婴幼儿辅食机表示不满意，占比为 5.7%。

2.2　用户访谈

受访者居住地为杭州市和温岭市，均为女性。访谈汇总如下。

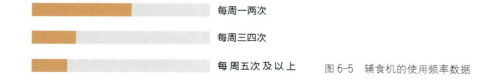

图 6-5　辅食机的使用频率数据

1. 食材准备

多数受访者采用传统的方法进行食材加工，费时费力。她们认为传统的食材加工方法既能够保留食物营养成分，又比较卫生。

2. 辅食配方

有的受访者在制作辅食时往往会上网查询相关食谱，或询问家属等，对辅食机配方的合理性存疑，认为其仍具有优化的空间。

3. 辅食机的普及情况

辅食机的普及率较低。大多数受访者未使用过一体辅食机；有的受访者则考虑购买或购买过辅食制作的辅助工具，例如研磨设备等。

4. 辅食机的使用频率

使用过辅食机的多数受访者每周使用 1～3 次，少数受访者每天使用。

5. 使用原因

使用辅食机的受访者认为辅食机省时省力，能保证食品卫生安全。

6. 使用辅食机的注意事项

受访者在使用辅食机的过程中会时常检查机器的运行状态，以确保加工效果和安全性。

7. 辅食机的加工效果和噪声控制效果

受访者对辅食机的加工效果和噪声控制效果比较满意。

8. 辅食机的清洁

受访者普遍认为辅食机的清洁难度较高，不易清洗。

9. 辅食机的价格和性能

受访者普遍认为辅食机的价格较高，但认为该价格与机器的良好性能相符。

10. 辅食机的使用人群

虽然在设计上辅食机主要针对的是 Z 世代家长群体，但在实际使用中仍然需要考虑老年、中年群体对辅食机的使用需求，注重辅食机的便捷操作、一键操作，这与 Z 世代家长群体的需求是一致的。

从访谈中可以了解辅食制作流程（图 6-6）。

2.3 用户需求

1. 方便清洁

用户普遍认为辅食机的清洁难度较高，因此在设计时需要注重清洁的方便性。例如，采用可拆卸的设计，便于用户对辅食机进行清洁。

2. 噪声控制

虽然市场上辅食机的噪声已控制在用户可接受的范围内，但仍有用户表示噪声过大。因此，在设计时需要注重噪声控制，采用降噪设计。

3. 加工效果

虽然用户对于辅食机的加工效果没有太高诉求，但仍有部分用户表示其加工效果不佳。因此，在设计时需要优化加工效果，提升机器的加工效率和稳定性。

4. 简化操作程序

用户使用辅食机主要是为了省时省力，因此在设计时需要简化操作程序。例如，采用一键操作，方便用户快速使用辅食机。

5. 价格

用户普遍认为辅食机的价格较高，因此在设计时需要控制成本，可以考虑降低材料成本或提高生产效率等以降低价格。

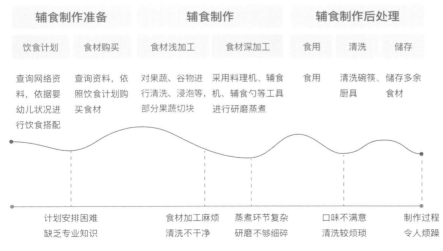

图 6-6　辅食制作流程

第 3 章　概念生成

3.1　提出概念

根据前期用户调研与市场调研，提出 3 个概念：集成化聚类、模块化聚类和半模块化聚类。

① 集成化聚类强调将所有的组成部分（如硬件、软件、材料等）集成在一起，进行统一的设计和开发。各组成部分需紧密协调，以确保能够完美地协同工作，实现整个产品的功能和性能要求。

② 模块化聚类强调将产品分成不同的模块进行独立设计，使每个模块都可以独立地进行测试和优化。每个模块都有各自的规格和要求，在设计阶段就要确定并遵守这些规格和要求。

③ 半模块化聚类是对上述两个概念的整合，将部分模块组合起来，使不同的组成部分紧密协调，达到多功能的统一。

3.2　概念描述

概念描述如图 6-7 所示。

集成化聚类

整体采用集成化组装形式；
将烹饪设备与模块化器具组合，形成一体化辅食机，系统设备之间高度耦合；
无须复杂的组合拼装操作即可实现辅食制作一体化流程；
可实现一键辅食制作功能

模块化聚类

整体采用模块化组装形式；
器皿、底盘、控制器、搅拌机、加热设备自成一体，实现组装效果；
零件之间耦合度低，但可替换程度高；
可实现烹饪搅拌一体、单独烹饪、单独搅拌等功能的流畅衔接等

半模块化聚类

整体采用半聚合组装形式；
将烹饪设备与搅拌设备设计成两个独立组件，分别实现搅拌与烹饪功能；
烹饪设备与搅拌设备的部分组件可以通用，例如器皿、刀具等；
可在一定程度上实现模块化自由，降低操作的复杂程度；
可以实现搅拌与烹饪的流畅衔接

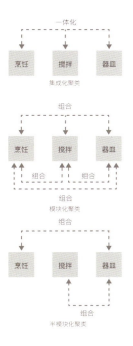

图 6-7　概念描述

3 个概念、5 个方案的具体描述如下。

1. 集成化聚类

整体采用集成化组装形式，将烹饪设备与模块化器具组合，形成一体化辅食机；系统设备之间高度耦合，无须复杂的拼装操作即可实现辅食制作的一体化流程；可实现一键辅食制作功能（图 6-8）。

2. 模块化聚类

整体采用模块化组装形式，器皿、底座、控制器、搅拌机、加热设备自成一体，实现组装效果；零件之间的耦合度低，但可替换程度高；可实现烹饪搅拌一体、单独烹饪、单独搅拌等功能的流畅衔接（图 6-9、图 6-10）。

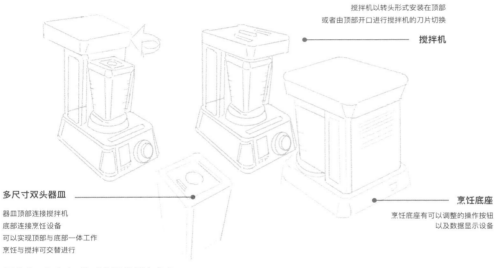

搅拌机以转头形式安装在顶部
或者由顶部开口进行搅拌机的刀片切换

搅拌机

多尺寸双头器皿

器皿顶部连接搅拌机
底部连接烹饪设备
可以实现顶部与底部一体工作
烹饪与搅拌可交替进行

烹饪底座

烹饪底座有可以调整的操作按钮
以及数据显示设备

图 6-8　方案 1- 集成化聚类概念方案

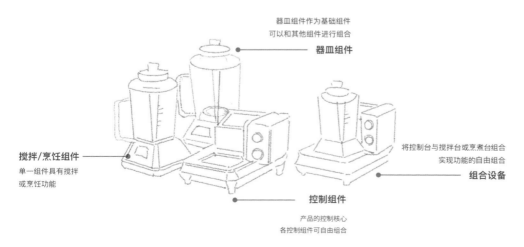

器皿组件作为基础组件
可以和其他组件进行组合

器皿组件

搅拌/烹饪组件

单一组件具有搅拌
或烹饪功能

将控制台与搅拌台或烹煮台组合
实现功能的自由组合

组合设备

控制组件

产品的控制核心
各控制组件可自由组合

图 6-9　方案 2- 模块化聚类概念方案 a

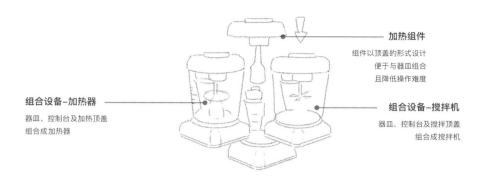

图 6-10　方案 3- 模块化聚类概念方案 b

3. 半模块化聚类

整体采用半聚合组装形式，将烹饪设备与搅拌设备设计成两个独立组件，分别实现烹饪、搅拌功能；烹饪设备与搅拌设备之间的部分组件可以通用，例如器皿、刀具等；可在一定程度上实现模块化自由，降低操作的复杂程度；烹饪与搅拌功能能够流畅衔接（图 6-11、图 6-12）。

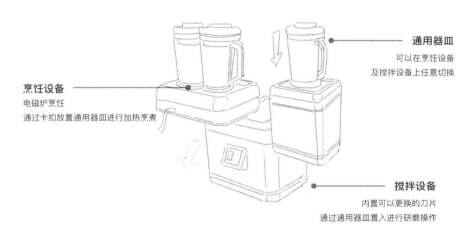

图 6-11　方案 4- 半模块化聚类概念方案 a

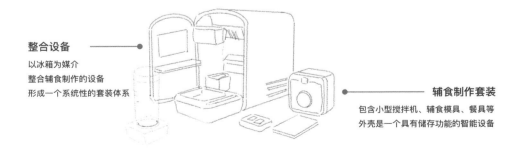

图 6-12　方案 5- 半模块化聚类概念方案 b

3.3 概念选择

采用哈里斯图表（Harris Chart）可筛选设计概念。哈里斯图表是一种可视化分析工具，有助于理解事物之间的相似性和差异性，发现模式和关联性。将对象（如产品、服务、品牌等）按照特征或属性进行分组，然后将每组的对象按照相似性进行排列，使相似的对象靠近、不同的对象分开，形成明显的分区。哈里斯图表基于以下 5 个衡量标准：制作流程便捷、操作方式简易、易上手操作、技术方案合理、价格合理。本项目对 3 个集成概念进行评估，选择其中的最佳概念和次佳概念进行二次筛选，依据稳定性及得分情况选择方案 5— 半模块化聚类概念方案 b 作为最终产品的功能组合形式（图 6-13）。

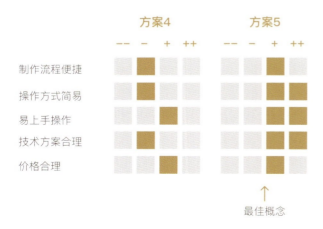

图 6-13 概念选择（哈里斯图表）

第 4 章　产品设计

4.1　绘制概念草图

用 Procreate 绘制概念草图，在其基础上进行设计方案的整理和归类（图 6-14）。

采用 Midjourney 进行产品造型图像生成（图 6-15）。输入的关键内容如下。

① Generate a hand-drawn sketch of an industrial design for a baby food kit, including colored drawings, black pencil drawings, and many other types of sketches.

② 8k, multiple details. Generate a baby supplement-making machine, style is warm, minimalist, and smart, with a white product. It should be worthy of the IF Design Award and Red Dot Design Award, with a white background in 4k resolution. The machine should be an all-in-one unit with stirring and steaming functions.

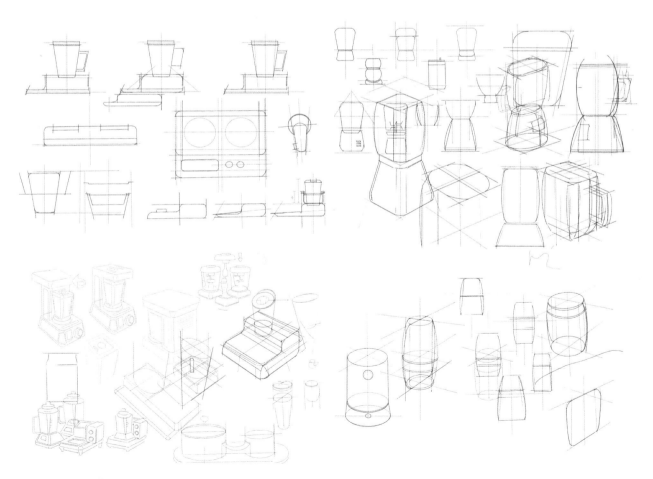

图 6-14　概念草图

图 6-15　产品造型图像生成

4.2　计算机建模

用 Rhino7 进行数字化建模，在其基础上进行造型研究和推衍。

1.辅食杯造型方案

① 方案 1。该方案的产品造型以现有产品为灵感，结合烹饪、搅拌功能，上部为可旋转的透明杯盖，中间部分为摩擦握把，底部则是器皿，可以放置果蔬进行搅拌，整体可以正反双面放置，实现烹饪、搅拌一体化操作（图 6-16）。

② 方案 2。该方案的灵感源于人工智能所提供的造型方案，以及曾经流行的"40度杯"的概念，即将辅食机设计成一种可以随身携带的器物，既能保证烹饪功能的安全性，也具有便携性、保温性特点（图 6-17）。

图 6-16　辅食杯造型方案 1

图 6-17　辅食杯造型方案 2

2. 辅食模具盒造型方案

考虑到婴幼儿日常饮食量往往较小，而对于大部分辅食机来说，制作少量辅食具有较大困难。因此，在辅食套装中添加辅食模具盒作为产品系列套装的一部分，其顶部为半透明磨砂塑料盖，底部则由硅胶塑料制成，便于取出食物，满足了多余辅食的保存需求（图 6-18）。

3. 辅食研磨组合杯造型方案

考虑到单独的辅食杯往往难以完成辅食制作的全部流程，因此基于模块化设计的理念，设计了可以组合的辅食杯产品——辅食研磨组合杯。该产品由多个杯盖组成，分别用于研磨、过滤等操作，满足了不同场景下手动制作精细辅食的需求，以及部分场景下机器无法实现的功能需求（图 6-19）。

图 6-18　辅食模具盒造型方案

图 6-19   辅食研磨组合杯造型方案

4.3   产品效果图

对产品造型进行数字模型构建之后，设定产品的设计风格，关键词为婴幼儿产品、温暖、高级感、智能化等。选择产品的核心配色，将 RGB 设置为 E6A85F，力求简洁感和温暖感，达到一种色彩平衡。效果图采用 KeyShot10 和 Figma 制作（图 6-20、图 6-21）。

4.4   CMF 设计

以婴幼儿的安全和健康为出发点进行 CMF（Color，Material，Finishing，色

图 6-20   产品部件图

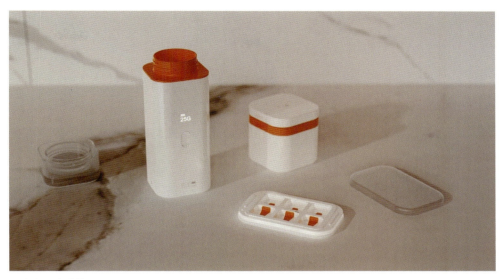

图 6-21　产品效果图

彩、材料、表面处理）设计。采用透明材质、造型简单和易于操作的设计方案，让婴幼儿和家长都能够享受辅食制作的乐趣和便利（图 6-22）。

1. 色彩

橙色是一种充满活力、热情和温暖的颜色，具有吸引婴幼儿注意力并激发其好奇心的作用，能带给婴幼儿积极向上的情感体验。

2. 材料

① 磨砂半透明塑料。磨砂半透明塑料具有一定的透明度，使产品具有透气

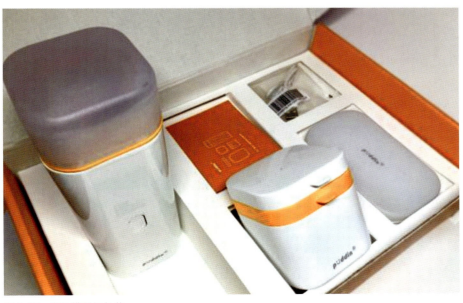

图 6-22　产品模型与包装

感，能够方便用户观察杯内食物的形态和变化。同时，该材料不易破碎，易于清洗和消毒，符合食品安全要求。

② 光面塑料。光面塑料表面光滑，具有良好的耐磨性和耐腐蚀性，易于加工成各种造型。

③ 食品级橡胶。食品级橡胶具有良好的弹性和耐久性，能够保证婴幼儿在使用过程中获得安全感和舒适感。

④ 铝内胆。铝内胆用于辅食杯内壁，提供保温功能，可承受高温加热的压力，避免外部材料因高温加热产生变形。

3. 表面处理

表面处理应做到简洁、清新、安全、易于操作。

4.5　技术方案

1. 基于神经网络的婴幼儿辅食系统

基于神经网络的婴幼儿辅食系统可根据婴幼儿的个人体检报告，自动生成符合其营养需求和身体状况的辅食月度计划。该系统采用了卷积神经网络（Convolutional Neural Network, CNN）和循环神经网络（Recurrent Neural Network, RNN）的组合模型。CNN 模型用于处理婴幼儿体检报告中的文本信息，例如身高、体重、营养素水平等；还可以自动提取特征，从原始输入数据中识别重要的特征并进行分类。RNN 模型用于处理与时间序列相关的信息，例如婴幼儿每月的体检报告；还可以捕捉时间序列中的信息，并对其进行建模。在这种情况下，RNN 生成辅食月度计划，以确保婴幼儿在该月得到均衡的营养。整个系统采用监督学习的方法进行训练，使用已知的婴幼儿体检报告和相应的辅食月度计划来训练模型。训练完成后，该系统可以对新的婴幼儿体检报告进行分析，并输出相应的辅食月度计划。

图 6-23 为通过神经网络进行数据处理、分析和预测的程序示例。

2. 辅食杯结构

① 辅食杯主体：使用食品级塑料制成。

② 加热棒：采用不锈钢材料制成，通过与辅食杯主体接触实现加热功能。

③ 搅拌刀片：采用不锈钢材料制成，通过电机驱动实现搅拌功能。

④ 温控芯片：用于控制加热棒的加热温度。

⑤ 电机：用于驱动搅拌刀片。

⑥ 电子控制板：用于控制加热棒、温控芯片和电机的工作状态，图 6-24 为电机控制部分的程序示例。

图 6-25 为辅食杯结构图。

```
import numpy as np
import pandas as pd
import tensorflow as tf

# 加载数据集
dataset = pd.read_csv('infant_health_report.csv')

# 数据预处理
X = dataset.iloc[:, :-1].values
y = dataset.iloc[:, -1].values
from sklearn.preprocessing import LabelEncoder, OneHotEncoder
labelencoder_X = LabelEncoder()
X[:, 0] = labelencoder_X.fit_transform(X[:, 0])
onehotencoder = OneHotEncoder(categorical_features = [0])
X = onehotencoder.fit_transform(X).toarray()
X = X[:, 1:]
labelencoder_y = LabelEncoder()
y = labelencoder_y.fit_transform(y)

# 模型构建
model = tf.keras.models.Sequential()
model.add(tf.keras.layers.Dense(units=6, activation='relu', input_dim=5))
model.add(tf.keras.layers.Dense(units=6, activation='relu'))
model.add(tf.keras.layers.Dense(units=1, activation='sigmoid'))
model.compile(optimizer='adam', loss='binary_crossentropy', metrics=['accuracy'])

# 训练模型
model.fit(X, y, epochs=100)

# 输入体检报告, 输出推荐每周计划
def predict_monthly_plan(health_report):
    X_test = np.array(health_report)
    X_test = X_test.reshape(1, -1)
    X_test[:, 0] = labelencoder_X.transform(X_test[:, 0])
    X_test = onehotencoder.transform(X_test).toarray()
    X_test = X_test[:, 1:]
    y_pred = model.predict(X_test)
    if y_pred >= 0.5:
        return "推荐给宝宝些辅食"
    else:
```

图 6-23　通过神经网络进行数据处理、分析和预测的程序示例

```
//定义变量
const int HEATING_PIN = 10;
const int MOTOR_PIN = 11;
const int TEMP_SENSOR_PIN = A0;

//定义变量
int temp;
int targetTemp = 50;
bool isHeating = false;
bool isMixing = false;

//初始化函数
void setup() {
    pinMode(HEATING_PIN, OUTPUT);
    pinMode(MOTOR_PIN, OUTPUT);
    pinMode(TEMP_SENSOR_PIN, INPUT);
}

//主函数
void loop() {
    //读取温度传感器的值
    temp = analogRead(TEMP_SENSOR_PIN) * 0.48875855327; //将传感器读数转化为温度值, 具体系数需要根据实际情况进行调整

    //控制加热器的工作状态
    if (temp < targetTemp) {
        digitalWrite(HEATING_PIN, HIGH); //打开加热器
        isHeating = true;
    } else {
        digitalWrite(HEATING_PIN, LOW); //关闭加热器
        isHeating = false;
    }

    //控制电机的工作状态
    if (isHeating) {
        digitalWrite(MOTOR_PIN, HIGH); //打开电机
        isMixing = true;
    } else {
        digitalWrite(MOTOR_PIN, LOW); //关闭电机
        isMixing = false;
    }

    //将温度和工作状态显示在串口监视器上
    Serial.print("Temperature: ");
    Serial.print(temp);
    Serial.print(" Heating: ");
    Serial.print(isHeating);
    Serial.print(" Mixing: ");
    Serial.println(isMixing);

    //等待一秒钟
    delay(1000);
}
```

图 6-24　电机控制部分的程序示例

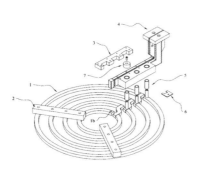
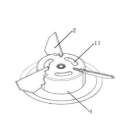
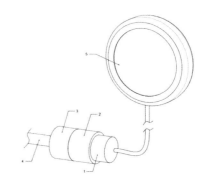

图 6-25　辅食杯结构图

第 5 章　产品服务设计

5.1　服务系统

这款婴幼儿产品的服务系统包含硬件服务、软件服务及其他扩展服务, 主要由布丁辅食套装、数字平台、生鲜配送服务等组成, 力求为用户提供一站式婴幼儿辅食服务, 以大大减轻年轻父母哺育婴幼儿的压力和负担。

① 布丁辅食套装主要包括布丁辅食杯(提供搅拌、烹饪、清洗、保温、称重等功能)、辅食模具盒(储存多余的辅食, 其硅胶底座可实现快速取模)、辅食研磨组合杯(通过组合的形式实现研磨、计量、盛放、过滤等功能一体化, 辅助辅食杯完成辅食的快速制作)。

② 数字平台(包括布丁辅食 App)旨在为用户提供便捷的数字化平台服务。该数字平台通

过 AI 算法建立营养需求模型，基于婴幼儿生长数据动态生成喂养方案。它打通硬件操作接口，支持远程设备控制与制作进度监控，同时提供可视化喂养日历与成长追踪功能，形成数据驱动的喂养决策支持体系。

③ 制作婴幼儿辅食所需的食材量少样多，用户选购不便，后期往往会造成一定的浪费。生鲜配送服务能够为用户提供套餐形式的少量生鲜配送服务。

该产品全生命周期服务设计如图 6-26。

5.2 移动端 App 设计

布丁辅食 App 主要由辅食推荐、辅食计划、硬件控制三部分组成。辅食推荐，依据婴幼儿相关体检报告提供不同的辅食个性化食谱、菜单推荐；辅食计划，可以自主创建或者导入辅食计划，并提供营养分析以帮助用户制订更合理的辅食计划；硬件控制，通过移动端实现辅食的十分钟快速制作和一键制作（图 6-27）。

全生命周期服务
Full Lifecycle Services

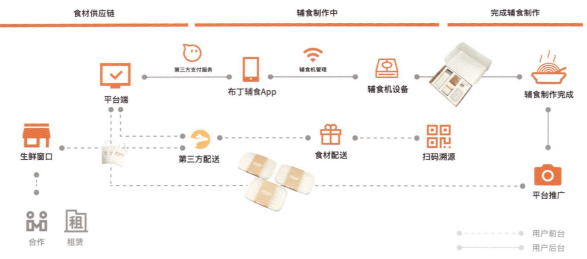

图 6-26　全生命周期服务设计

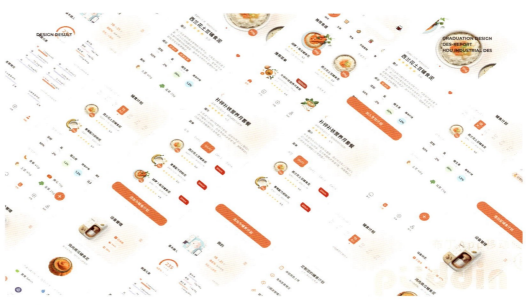

图 6-27　移动端 App 设计

　　该 App 由 4 个模块组成，分别是首页、计划、设备、我的。首页模块提供了推荐食谱等功能；计划模块帮助用户制订合理的辅食计划；设备模块通过移动端对硬件进行控制，实现一键制作辅食；我的模块则可以导入个人体检报告，帮助用户定制婴幼儿个性化的辅食食谱（图 6-28、图 6-29）。

信息架构设计
Information Architecture

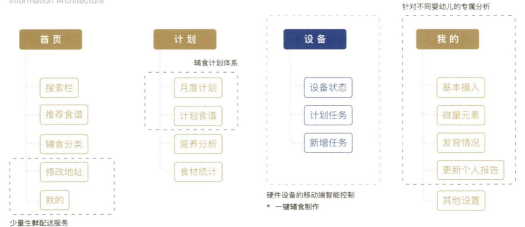

核心功能亮点
Key Processes

个性化推荐
依据个人健康报告进行食谱推荐；提供完善的营养与食材分析报告

营养与分析
直观分析特点与作用；非专业性描述

辅食月度计划
依据个人健康报告进行食谱月度计划推荐；提供完善的月度营养与食材分析报告

制作流程可视
分模块显示食材处理与烹饪流程；获取硬件辅食制作信息

图 6-28　App 信息架构设计及核心功能亮点

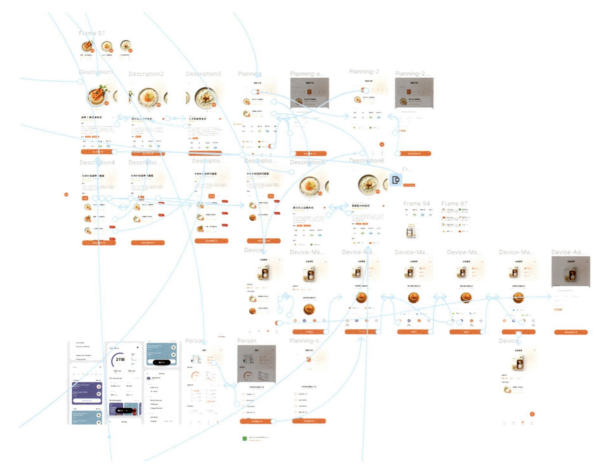

图 6-29 App 设备管理及辅食制作页面

　　在制作高保真原型的基础之上，采用 Figma 和 Principle 进行可交互原型的制作，最终在移动设备上测试该 App 的使用体验（图 6-30）。

结　论

　　本设计报告是对 Z 世代家长群体所需婴幼儿辅食产品的设计研究，旨在研究如何通过设计辅食料理产品，以满足现代社会中婴幼儿健康饮食以及减轻父母喂养负担等方面的需求。本产品通过系统性的产品研究设计，将硬件、软件和服务三大模块结合。布丁辅食套装通过烹饪、清洗、搅拌、称量等功能实现快速一体化辅食制作，套装内所搭配的模具盒、组合杯则通过精巧的设计辅助辅食杯完成辅食的高效制作；布丁辅食 App 通过庞大的数据库以及人工智能算法分析，进行辅食推荐、辅食计划和硬件控制等，在保障高效完成制作流程的同时，实现婴幼儿辅食的合理选择和搭配；生鲜配送等服务系统的设计考虑了食材、价格等因素对辅

图 6-30　App 可交互原型的制作

食制作的影响，并满足了婴幼儿辅食量少、种类多、品质高的要求。

　　本设计旨在构建一个包括辅食制作、辅食推荐、使用评价、食材配送等功能的婴幼儿辅食全生命周期服务系统。考虑到商业可行性以及概念需不断完善，整体系统还需深入研究，目前的设计成果仍然缺乏许多细节方面的考虑，未来有巨大的优化空间。

　　本设计针对的用户群体是 Z 世代家长群体，主要关注该群体对于便捷操作的一致性需求，在后续优化中，可以扩展用户群体，解决农村留守儿童家长、高龄带娃父母等群体面临的相关难题，着重考虑适老化等方面。此外，产品的可持续性也是后续设计的研究方向。

　　本产品的设计版面如图 6-31 所示。

参考文献

（略）

图 6-31   面向 Z 世代家长群体的婴幼儿辅食产品设计版面 / 孙超杰

设计课题和思考题

1. 使用 PPT 制作一份新生报到流程和注意事项的演示文稿。
2. 使用 PPT 制作一份介绍一款山地自行车重要功能的演示文稿。
3. 使用 PPT 制作一份参加机器人设计竞赛的设计方案。
4. 开发一个无人机快递系统，用 PPT 陈述其设计概念。
5. 开发一个面向社区老年人的智能机器人服务系统，用 PPT 陈述其设计概念。

附录　AI 伴学内容及提示词

序号	AI 伴学内容	AI 提示词
1	AI 伴学工具	生成式人工智能（AI）工具，如 DeepSeek、文心一言、豆包、通义千问、Stable Diffusion 等
2	导　论	举例说明生活中存在的各种系统
3		解读生态系统、人体系统、智能家居系统的定义和组成要素
4		解读数字化设计、智能化设计、情感化设计、可持续设计，以及物联网、共享经济的概念和定义
5		什么是苹果生态系统
6		什么是小米生态链
7		什么是智能家居生态
8	系统设计基础	解读系统科学的概念和定义
9		钱学森在系统科学领域的贡献
10		解读贝塔朗菲一般系统论的理论观点和重要内容
11		解读中国传统文化中的系统思想
12		举例说明系统的类型
13		解读系统要素的概念和定义
14		阐述产品系统的要素
15		分析系统和要素之间的关系
16		解读系统的结构
17		解读子系统的概念和定义
18		举例说明飞机、汽车、智能家居等复杂系统的子系统
19		解读子系统和要素之间的差异
20		解读并举例说明系统的整体涌现性
21		如何理解系统的规模效应
22		如何理解系统的层次性
23		解读并举例说明系统的特征

序号	AI 伴学内容	AI 提示词
24	产品系统及其发展进程	解读工业设计的定义及其发展进程
25		举例说明社会经济形态的类型
26		解读工业经济、服务经济、体验经济的概念和定义
27		解读服务设计的概念和定义
28		什么是"服务触点"？请举例说明
29		说明双钻设计模型的定义、设计阶段及流程
30		解读并举例说明服务设计的关键要素
31		解读并举例说明服务设计应遵循的设计原则
32		什么是产品服务系统
33		举例说明和分析三大类导向的产品服务系统
34	产品系统要素	解读产品的五个层次
35		解读产品功能要素
36		解读功能元的概念和定义
37		解读产品结构要素
38		解读产品系统设计的 CMF 要素与 SET 要素的内容构成
39		产品设计时要考虑的人因要素有哪些
40		产品设计时要考虑的用户角色有哪些
41		产品设计时要考虑的环境要素有哪些
42		解读产品生命周期的概念和定义
43		什么是体验经济时代
44	系统设计思维	解读系统思维的概念和定义
45		解读系统设计思维的概念和定义
46		解读关联思维、动态思维、场景思维的概念和定义
47		举例说明移情图的应用场景和功能作用
48		举例说明情绪板的应用场景和功能作用
49		解读用户体验地图的定义、要素和功能作用
50		解读服务蓝图的定义、要素和功能作用
51		解读服务系统图的定义、要素和功能作用
52		解读商业模式画布的定义、要素和功能作用

序号	AI 伴学内容	AI 提示词
53		解读系统方法论的概念和定义
54		还原论的思想和主张是什么
55		整体论的思想和主张是什么
56		解读霍尔系统工程方法的概念和定义
57		解读 WSR 系统方法的概念和定义
58		举例说明甘特图法、雷达图分析法的应用场景和功能作用
59	产品系统设计方法	什么是功能求索法？请举例说明其应用场景和功能作用
60		什么是重构整合法？请举例说明其应用场景和功能作用
61		解读关联产品群的概念和定义，并举例说明
62		解读产品整合的概念和定义，并举例说明
63		解读产品平台的概念和定义，并举例说明
64		解读产品模块化设计的定义、方法和程序
65		解读产品系列化设计的定义、方法和程序

参考文献

布伦塞尔 . 在课堂中整合工程与科学 [M]. 周雅明，王慧慧，译 . 上海：上海科技教育出版社，2015.

迪特，施密特 . 工程设计：原书第 6 版 [M]. 张执南，等译 . 北京：机械工业出版社，2024.

哈兰德 . STEM 项目学生研究手册 [M]. 中国科协青少年科技中心，译 . 北京：科学普及出版社，2013.

赫尼，坎特 . 设计·制作·游戏：培养下一代 STEM 创新者 [M]. 赵中建，张悦颖，译 . 上海：上海科技教育出版社，2015.

霍伦斯坦 . 工程思维 [M]. 宫晓利，张金，赵子平，译 . 北京：机械工业出版社，2019.

卡普拉罗 L M，卡普拉罗 M M，摩根 . 基于项目的 STEM 学习：一种整合科学、技术、工程和数学的学习方式 [M]. 王雪华，屈梅，译 . 上海：上海科技教育出版社，2016.

迈内尔，温伯格，科罗恩 . 设计思维改变世界 [M]. 平嬿嫣，李悦，译 . 北京：机械工业出版社，2017.

诺曼 . 好用型设计 [M]. 梅琼，译 . 北京：中信出版社，2007.

NIGEL C. 设计师式认知 [M]. 任文永，陈实，译 . 武汉：华中科技大学出版社，2013.

王一军 . 工程制图基础 [M]. 北京：机械工业出版社，2014.

乌尔曼 . 机械设计过程 [M]. 刘莹，郝智秀，林松，译 . 北京：机械工业出版社，2015.

杨砾，徐立 . 人类理性与设计科学：人类设计技能探索 [M]. 沈阳：辽宁人民出版社，1988.

叶丹 . 用眼睛思考：视觉思维实验教学 [M].2 版 . 北京：中国建筑工业出版社，2017.

张正祥 . 工业工程基础 [M]. 北京：高等教育出版社，2006.

中国高等学校设计学学科教程研究组 . 中国高等学校设计学学科教程 [M]. 北京：清华大学出版社，2013.